Գործնական աշխատանք

Eureka Math®
Դասարան 1
Գիտելիքների ստուգման մոդուլներ 4–6

Great Minds PBC is the creator of Eureka Math®,
Wit & Wisdom®, Alexandria Plan™, and PhD Science™.

Published by Great Minds PBC. greatminds.org

Copyright © 2020 Great Minds PBC. All rights reserved. No part of this work may be reproduced or used in any form or by any means—graphic, electronic, or mechanical, including photocopying or information storage and retrieval systems—without written permission from the copyright holder.

ISBN 978-1-64929-298-8

1 2 3 4 5 6 7 8 9 10 XXX 25 24 23 22 21 20

Printed in the USA

Ուսուցում • Գործնական աշխատանք • Արդյունք

«Eureka Math»-ի® «A Story of Units»® աշակերտների համար նյութերը (K–5) հասանելի են *Ուսուցում, Գործնական աշխատանք, Արդյունք* եռյակում: Այս շարքը նպաստում է, որպեսզի նյութերը լինեն տարբերակմանը և շտկված՝ միևնույն կանոնակարգված և հասանելի: Ուսուցիչները կբացահայտեն, որ *«Ուսուցում, Գործնական աշխատանք և Արդյունք»* շարքը առաջարկում է նաև համապարփակ և, հետևաբար, ավելի արդյունավետ եղանակ՝ Անհատական մոտեցման ցուցաբերման, լրացուցիչ աշխատանքների և ամառային ուսուցման կազմակերպման համար:

Ուսուցում

«Eureka Math Ուսուցում» բաժինը ծառայում է աշակերտին որպես ուսումնական ուղեցույց, որտեղ նանք ներկայացնում են այն ինչ մտածում են և գիտեն, և ամեն օր զարգացնում են իրենց գիտելիքները: «Ուսուցում» բաժնում ներառված ամենօրյա դասարանային աշխատանքները՝ գործնական խնդիրները, գնահատման տոմսակները, խնդիրները, ձևանմուշները, ներկայացված են դյուրահաս ձևով և ծավալով:

Գործնական աշխատանք

Յուրաքանչյուր «*Eureka Math»-ի դաս* սկսվում է մի շարք ակտիվ, իմացության ստուգման ուրախ վարժություններով՝ այդ թվում *«Eureka Math Պրակտիկա» բաժնում ներառվածները:* Այն աշակերտները, ովքեր ավելի շատ գիտելիքներ ունեն մաթեմատիկայից, կարող են ավելի շատ նյութ յուրացնել առավել խորությամբ: «Փորձ» բաժնում *Practice,* աշակերտները զարգացնում են նոր ձեռք բերված գիտելիքի կիրառման հմտությունները և ամրապնդում են նախորդ դասը՝ նախապատրաստվելով հաջորդին:

«Ուսուցում» և *Learn* and *«Պրակտիկա»* բաժինները միասին աշակերտներին տրամադրում են տպագիր բոլոր նյութերը, որոնք նրանք կօգտագործեն մաթեմատիկայի հիմնական դասընթացի համար:

Արդյունք

«Eureka Math-ի Արդյունք» բաժինը աշակերտներին հնարավորություն է տալիս ինքնուրույն վարպետանալ: Լրացուցիչ խնդիրները համահունչ են դասի նյութին և հարմար են որպես տնային կամ լրացուցիչ աշխատանք հանձնարարելու համար: Խնդիրներն ուղեկցվում են «Տնային աշխատանքի օգնականով», որն իրենից ներկայացնում է խնդիրների լուծման օրինակներ՝ ցույց տալով, թե ինչպես պետք է լուծել նմանատիպ խնդիրները:

Ուսուցիչներն ու դասավանդողները կարող են օգտագործել նախորդ մակարդակների *«Արդյունք» բաժնի* դասագիրքը՝ որպես ուսուցման ծրագրի մաս՝ հիմնարար գիտելիքների բացը լրացնելու համար: Աշակերտներն ավելի արագ կընկալեն ու կյուրացնեն, քանի որ ծանոթ նյութի կրկնությունը դյուրացնում է ընթացիկ մակարդակի բովանդակության կապի ստեղծումը նախորդի հետ:

EUREKA MATH®

Աշակերտներ, ընտանիքի անդամներ և դասավանդողներ.

Շնորհակալություն Eureka Math® թիմի անդամ լինելու համար. այստեղ մենք վայելում ենք մաթեմատիկայի պարգևած ուրախությունը, բերկրանքը և սուր զգացմունքները: *Մեր ոգևորությունն ամենացայտուն կերպով երևում է «Eureka Math-ի Պրակտիկա» բաժնում առաջադրված վարժություններում:*

Ի՞նչ է նշանակում սահուն տիրապետել մաթեմատիկային:

Ձեզ կարող է թվալ, թե սահուն տիրապետելը վերաբերում է խոսքի արվեստին, երբ կարողանում են սահուն խոսել և գրել: Մինչև 5-րդ աստիճանը նախադպրոցական տարիքի համար նախատեսված «Eureka Math»-ի ուսուցման ծրագիրն առաջարկում է մաթեմատիկական գիտելիքները զարգացնելու ամենօրյա տարաբնույթ վարժություններ: Յուրաքանչյուր դասընթաց մշակվել է նույն սկզբունքով՝ զարգացնել աշակերտի մաթեմատիկական մտածողությունը: Ուսուցողական վարժությունները, որպես կանոն, արագ և աշխույժ են ընթանում՝ զարգացնելով աշակերտի ճանաչողական հմտությունները՝ դասավանդվող նյութի հիման վրա: Դրանք չեն գնահատվում:

«Eureka Math»-ի ուսուցողական վարժությունները տարաբնույթ առաջադրանքներ են առաջարկում տարբեր ձևաչափերով: Որոշ վարժություններ բանավոր են անցկացվում, որոշները զարգացնում են միտքը, կան այնպիսիք, որ նախատեսված են գրատախտակին գրելու համար, կան թուղթ ու մատիտով գրվող ձեռագիր վարժություններ: «Eureka Math-ի Գործնական աշխատանք» բաժինը յուրաքանչյուր աշակերտի տրամադրում է տպագիր ուսուցողական վարժություններ՝ ըստ դասարանի մակարդակի:

Ի՞նչ է Սպրինտը:

Շատ տպագիր ուսուցողական վարժություններ ունի Սպրինտ ձևաչափը: Այս վարժությունները զարգացնում են աշակերտի ձեռք բերած գիտելիքների կիրառման արագությունն ու ճշգրտությունը: Երբ աշակերտներն արդեն բավականաչափ գիտելիքներ են ձեռք բերում, Սպրինտ վարժությունների օգնությամբ նրանց մոտ զարգանում է իրենց յուրացրածը կիրառելու արագությունը, ինչը հանգեցնում է ադրենալինի բարձրացմանը և հիշողության բարելավմանը: Սպրինտ վարժությունները տարբերվում են իրենց հատուկ կառուցվածքով. խնդիրները կազմված են պարզից բարդ սկզբունքով, որտեղ խնդիրների առաջին քառյակն ամենապարզն է, իսկ յուրաքանչյուր հաջորդ քառյակի բարդության աստիճանն ավելանում է: Խնդիրների հաջորդականության հատուկ կառուցվածքը զարգացնում է աշակերտի մտածելակերպի հմտությունները:

Ըստ Սպրինտ վարժությունների առաջարկվող ձևաչափի՝ աշակերտները պետք է կատարեն նույն յուրացրած նյութի երկու հաջորդական Սպրինտ վարժություններ (որոնք նշված են A և B), որոնց համար տրվում է 1 րոպե ժամանակ: Երկու Սպրինտ վարժությունների միջև ընկած դադարի ժամանակ աշակերտները կրկնում են առաջին Սպրինտ վարժությունների մեջ հանդիպած օրինակները: Դա հաճախ ապահովում է բնական խթան իրենց կատարմանը երկրորդ սպրինտի ընթացքում:

Սպրինտները կարող են անցկացվել նաև անժամանակյա պրոտոկոլով: Անժամանակյա պրոտոկոլը խորհուրդ է տրվում այն ընթացքում, երբ դեռ աշակերտները ձևավորում են վստահություն առաջին 4 խնդիրների բարդության մակարդակում: Սպրինտների լուծման առաջադրանքները մեկ անգամ կատարելով աշակերտները բարելավում են մտածելու արագությունն ու ուշադրությունը ժամանակ տրվող հանձնարարությունների ընթացքում, այդ իսկ պատճառով էլ նման աշխատանքները ողջունվում են և ոգևորություն առաջացնում:

Որտե՞ղ կարելի է գտնել նմանատիպ հմտացնող հանձնարարություններ:

<>-ի ուսուցման հրատարակությունը ուսուցանողների համար համարվում է վարժեցնող հանձնարարությունների ուղեցույց յուրաքանչյուր դասի համար՝ ներառյալ նաև այն նյութերը, որոնք չեն պահանջում տպագիր նյութեր: <>-ի Թվային հավելվածը նույնպես հասանելիություն է ապահովում հմտացնող հանձնարարություններին բոլոր տարիքային մակարդակների համար, որոնք կարելի է որոնել ըստ ստանդարտի կամ դասի:

Լավագույն մաղթանքները ուսումնական տարվա կապակցությամբ, որը հուսով ենք հարուստ կլինի «Էվրիկայի պահերով»:

Ջիլ Դինիզ
Մաթեմատիկայի բաժնի տնօրեն
Great Minds

Բովանդակություն

Մոդուլ 4

Դաս 1: Տրոհեք թվերը . . . 3
Դաս 2. հիմնական գումարման գիտելիքների տեսություն . . . 5
Դաս 5: 10 ավել, 10 պակաս տեսության սպրինտ . . . 7
Դաս 7: +1, −1, +10, −10 Սպրինտ . . . 11
Դաս 7. Մեծ տեղային արժեքների աղյուսակ . . . 15
Դաս 8: Հիմնական հանման գիտելիքների տեսություն . . . 17
Դաս 10 Միավորների հաջորդականությունը ներսում 40 Սպրինտ . . . 19
Դաս 12. Առնչվող լրացում և հանում 10 սպրինտ 23-ի սահմաններում . . .
Դաս 17. հիմնական գումարման գիտելիքների տեսություն. բացակայող գումարելի . . . 27
Դաս 19. Անալոգային գումարումը 40-ի ներսում Սպրինտ . . . 29
Դաս 22. Առնչվող լրացումը և հանումը 10-ի ներսում 20 Սպրինտ . . . 33
Դաս 23. Գումարման գործողության իմ աշխատանքը . . . 37
Դաս 23. իմ բացակայող գումարելիի աշխատանքը . . . 39
Դաս 23. իմ բացակայող գումարելիի և հանման աշխատանքը . . . 41
Դաս 23. Հանման գործողության իմ աշխատանքը . . . 43
Դաս 23. խառը գործողությունների իմ աշխատանքը . . . 45
Դաս 25. Բաց թողնված գումարելիներ տաս(երի) գումարների համար Սպրինտ . . . 47
Դաս 27. Հասիր բարձունքին . . . 51
Դաս 29. Հասիր բարձունքին . . . 53

Մոդուլ 5

Դաս 1. Հիմնական գումարման սպրինտ 1 . . . 57
Դաս 1. Հիմնական գումարման սպրինտ 2 . . . 61
Դաս 1. Հիմնական գումարման սպրինտ . . . 65
Դաս 1. Հիմնական գիտելիքների սպրինտ. 5-ի, 6-ի և 7-ի ամբողջները . . . 69
Դաս 1. Հիմնական գիտելիքների սպրինտ. 8-ի, 9-ի և 10-ի ամբողջներ . . . 73
Դաս 3. Գումարման գործողության իմ աշխատանքը . . . 77
Դաս 3. իմ բացակայող գումարելիի աշխատանքը . . . 79

Դաս 3. իմ բացակայող գումարելիի և հանման աշխատանքը 81
Դաս 3. Իմ հանման աշխատանքը 83
Դաս 3. Իմ խառը գործողությունների աշխատանքը 85

Մոդուլ 6

Դաս 1. Գումարման գործողության իմ աշխատանքը 89
Դաս 1. իմ բացակայող գումարելիի աշխատանքը 91
Դաս 1. իմ բացակայող գումարելիի և հանման աշխատանքը 93
Դաս 1. Իմ հանման աշխատանքը 95
Դաս 1. Իմ խառը գործողությունների աշխատանքը 97
Դաս 3. Հիմնական գումարման սպրինտ 1 99
Դաս 3. Հիմնական գումարման սպրինտ 2 103
Դաս 3. Հիմնական հանման սպրինտ 107
Դաս 3. Հիմնական գիտելիքների սպրինտ. 5-ի, 6-ի և 7-ի ամբողջներ 111
Դաս 3. Հիմնական գիտելիքների սպրինտ 8-ի, 9-ի և 10-ի ամբողջներ 115
Դաս 9. +1, −1, +10, −10 Սպրինտ 119
Դաս 10. Հասիր բարձունքին 123
Դաս 18. Առաջադրանքների թերթիկ A կամ B 125
Դաս 26. ժամանակի գրանցման թերթիկ 127
Դաս 27. Երկչափ պատկերի ֆլեշքարտ 129
Դաս 27. Ձևերի ստուգման թերթիկ 137
Դաս 28. Հաշվել կետերի սպրինտը 139
Դաս 28. Թիրախային պրակտիկա 143
Դաս 28. Հասիր բարձունքին 145
Դաս 29. թվային զույգի գումարը՝ 10 147

Դասարան 1
Մոդուլ 4

ՄԻԱՎՈՐՆԵՐԻ ՊԱՏՄՈՒԹՅՈՒՆ

5 5 5

6 6 6 6

7 7 7 7

8 8 8 8 8

9 9 9 9 9

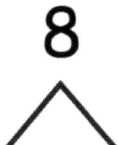

տրոհեք թվերը

EUREKA MATH

Դաս 1: Համեմատե՛ք հաշվելու արդյունավետությունը՝ միավորներով և տասնյակներով հաշվելու միջոցով:

ՄԻԱՎՈՐՆԵՐԻ ՊԱՏՄՈՒԹՅՈՒՆ Դաս 2 հիմնական գումարման գիտելիքների տեսություն 1•4

Անուն _____ Ամսաթիվ _____

հիմնական գումարման գիտելիքների տեսություն

1. 2 + 0 = ___
2. 2 + 1 = ___
3. 2 + 2 = ___
4. 4 + 0 = ___
5. 0 + 4 = ___
6. 0 + 3 = ___
7. 0 + 0 = ___
8. 3 + 1 = ___
9. 1 + 3 = ___
10. 1 + 4 = ___
11. 1 + 5 = ___
12. 5 + 1 = ___
13. 1 + 7 = ___
14. 7 + 1 = ___
15. 1 + 8 = ___
16. 1 + 6 = ___
17. 6 + 1 = ___
18. 6 + 2 = ___
19. 5 + 2 = ___
20. 4 + 3 = ___
21. 2 + 3 = ___
22. 2 + 4 = ___
23. 4 + 2 = ___
24. 3 + 2 = ___
25. 9 + 1 = ___
26. 8 + 2 = ___
27. 7 + 2 = ___
28. 7 + 3 = ___
29. 6 + 3 = ___
30. 6 + 4 = ___
31. 5 + 3 = ___
32. 3 + 5 = ___
33. 3 + 4 = ___
34. 3 + 3 = ___
35. 4 + 4 = ___
36. 5 + 4 = ___
37. 4 + 6 = ___
38. 2 + 7 = ___
39. 2 + 8 = ___
40. 2 + 5 = ___
41. 5 + 5 = ___
42. 4 + 5 = ___
43. 2 + 6 = ___
44. 3 + 6 = ___
45. 3 + 7 = ___

Ա

Ճիշտ պատասխան

Անուն ________________________ Ամսաթիվ ____________

*Գրեք պակասող թիվը:

1.	10 + 3 = □		16.	10 + □ = 11	
2.	10 + 2 = □		17.	10 + □ = 12	
3.	10 + 1 = □		18.	5 + □ = 15	
4.	1 + 10 = □		19.	4 + □ = 14	
5.	4 + 10 = □		20.	□ + 10 = 17	
6.	6 + 10 = □		21.	17 – □ = 7	
7.	10 + 7 = □		22.	16 - □ = 6	
8.	8 + 10 = □		23.	18 - □ = 8	
9.	12 - 10 = □		24.	□ - 10 = 8	
10.	11 - 10 = □		25.	□ - 10 = 9	
11.	10 - 10 = □		26.	1 + 1 + 10 = □	
12.	13 - 10 = □		27.	2 + 2 + 10 = □	
13.	14 - 10 = □		28.	2 + 3 + 10 = □	
14.	15 - 10 = □		29.	4 + □ + 3 = 17	
15.	18 - 10 = □		30.	□ + 5 + 10 = 18	

| ՄԻԱՎՈՐՆԵՐԻ ՊԱՏՄՈՒԹՅՈՒՆ | | Դաս 5 Սպրինտ | 1•4 |

Բ

ճիշտ պատասխան

Անուն_____ ամսաթիվ_____

*Գրեք պակասող թիվը:

1.	10 + 1 = ☐		16.	10 + ☐ = 10	
2.	10 + 2 = ☐		17.	10 + ☐ = 11	
3.	10 + 3 = ☐		18.	2 + ☐ = 12	
4.	4 + 10 = ☐		19.	3 + ☐ = 13	
5.	5 + 10 = ☐		20.	☐ + 10 = 13	
6.	6 + 10 = ☐		21.	13 - ☐ = 3	
7.	10 + 8 = ☐		22.	14 - ☐ = 4	
8.	8 + 10 = ☐		23.	16 - ☐ = 6	
9.	10 - 10 = ☐		24.	☐ - 10 = 6	
10.	11 - 10 = ☐		25.	☐ - 10 = 8	
11.	12 - 10 = ☐		26.	2 + 1 + 10 = ☐	
12.	13 - 10 = ☐		27.	3 + 2 + 10 = ☐	
13.	15 - 10 = ☐		28.	2 + 3 + 10 = ☐	
14.	17 - 10 = ☐		29.	4 + ☐ + 4 = 18	
15.	19 - 10 = ☐		30.	☐ + 6 + 10 = 19	

EUREKA MATH

Դաս 5. Գտեք երկնիշ թվից 10-ով ավելի, 10-ով պակաս , 1-ով ավելի և 1-ով պակաս թվերը

Copyright © Great Minds PBC

ՄԻԱՎՈՐՆԵՐԻ ՊԱՏՄՈՒԹՅՈՒՆ Դաս 7 Սպրինտ 1•4

Ա

Ճիշտ պատասխան

Անուն ____________________ Ամսաթիվ ____________________

*Գրեք պակասող թիվը: Ուշադրություն դարձրեք գումարման կամ հանման նշանին:

1	5 + 1 = □		16	29 + 10 = □	
2	15 + 1 = □		17	9 + 1 = □	
3	25 + 1 = □		18	19 + 1 = □	
4	5 + 10 = □		19.	29 + 1 = □	
5	15 + 10 = □		20	39 + 1 = □	
6	25 + 10 = □		21	40 – 1 = □	
7	8 – 1 = □		22	30 – 1 = □	
8	18 – 1 = □		23	20 – 1 = □	
9	28 – 1 = □		24	20 + □ = 21	
10	38 – 1 = □		25	20 + □ = 30	
11	38 – 10 = □		26	27 + □ = 37	
12	28 – 10 = □		27	27 + □ = 28	
13	18 - 10 = □		28	□ + 10 = 34	
14	9 + 10 = □		29	□ – 10 = 14	
15	19 + 10 = □		30	□ – 10 = 24	

Դաս 7. Համեմատեք երկու քանակները և գտեք երկու տրված թվերից ավելի մեծը կամ ավելի փոքրը:

ՄԻԱՎՈՐՆԵՐԻ ՊԱՏՄՈՒԹՅՈՒՆ   Դաս 7 Սպրինտ   1•4

Բ   Ճիշտ պատասխան

Անուն _____ Ամսաթիվ _____

*Գրեք պակասող թիվը: Ուշադրություն դարձրեք գումարման կամ հանման նշանին:

1	4 + 1 = ☐		16	28 + 10 = ☐	
2	14 + 1 = ☐		17	9 + 1 = ☐	
3	24 + 1 = ☐		18	19 + 1 = ☐	
4	6 + 10 = ☐		19.	29 + 1 = ☐	
5	16 + 10 = ☐		20	39 + 1 = ☐	
6	26 + 10 = ☐		21	40 – 1 = ☐	
7	7 – 1 = ☐		22	30 – 1 = ☐	
8	17 – 1 = ☐		23	20 – 1 = ☐	
9	27 – 1 = ☐		24	10 + ☐ = 11	
10	37 – 1 = ☐		25	10 + ☐ = 20	
11	37 – 10 = ☐		26	22 + ☐ = 32	
12	27 – 10 = ☐		27	22 + ☐ = 23	
13	17 – 10 = ☐		28	☐ + 10 = 39	
14	8 + 10 = ☐		29	☐ – 10 = 19	
15	18 + 10 = ☐		30	☐ – 10 = 29	

Դաս 7.   Համեմատեք երկու քանակները և գտեք երկու տրված թվերից ավելի մեծը կամ ավելի փոքրը:

ՄԻԱՎՈՐՆԵՐԻ ՊԱՏՈՒԹՅՈՒՆ   Դաս 7Գիտելիքների ճյանմուշ 1•4

տասեր	մեկեր

_____
մեծ տեղային արժեքների աղյուսակ

Դաս 7. Համեմատեք երկու քանակները և գտեք երկու տրված թվերից ավելի մեծը կամ ավելի փոքրը։

15

Անուն _____ Ամսաթիվ _____

հիմնական հանման գիտելիքների տեսություն

1. 8 − 0 = ___
2. 8 − 1 = ___
3. 7 − 7 = ___
4. 3 − 3 = ___
5. 3 − 2 = ___
6. 4 − 2 = ___
7. 5 − 2 = ___
8. 5 − 3 = ___
9. 9 − 2 = ___
10. 8 − 2 = ___
11. 7 − 2 = ___
12. 4 − 4 = ___
13. 4 − 3 = ___
14. 5 − 4 = ___
15. 8 − 3 = ___
16. 9 − 3 = ___
17. 10 − 3 = ___
18. 10 − 4 = ___
19. 10 − 2 = ___
20. 10 − 8 = ___
21. 10 − 7 = ___
22. 10 − 6 = ___
23. 6 − 6 = ___
24. 7 − 7 = ___
25. 7 − 6 = ___
26. 8 − 8 = ___
27. 8 − 7 = ___
28. 9 − 9 = ___
29. 9 − 8 = ___
30. 10 − 9 = ___
31. 5 − 5 = ___
32. 6 − 5 = ___
33. 7 − 5 = ___
34. 8 − 5 = ___
35. 8 − 4 = ___
36. 10 − 5 = ___
37. 9 − 5 = ___
38. 9 − 4 = ___
39. 6 − 3 = ___
40. 6 − 4 = ___
41. 7 − 3 = ___
42. 7 − 4 = ___
43. 8 − 6 = ___
44. 9 − 6 = ___
45. 9 − 7 = ___

ՄԻԱՎՈՐՆԵՐԻ ՊԱՏՄՈՒԹՅՈՒՆ   Դաս 10 Սպրինտ   1•4

Ա

Ճիշտ պատասխան

Անուն _____   Ամսաթիվ _____

*Գրեք բացակայող թիվը հաջորդականությամբ:

1.	0, 1, 2, ___		16.	15, ___, 13, 12	
2.	10, 11, 12, ___		17.	___, 24, 23, 22	
3.	20, 21, 22, ___		18.	6, 16, ___, 36	
4.	10, 9, 8, ___		19.	7, ___, 27, 37	
5.	20, 19, 18, ___		20.	___, 19, 29, 39	
6.	40, 39, 38, ___		21.	___, 26, 16, 6	
7.	0, 10, 20, ___		22.	34, ___, 14, 4	
8.	2, 12, 22, ___		23.	___, 20, 21, 22	
9.	5, 15, 25, ___		24.	29, ___, 31, 32	
10.	40, 30, 20, ___		25.	5, ___, 25, 35	
11.	39, 29, 19, ___		26.	___, 25, 15, 5	
12.	7, 8, 9, ___		27.	2, 4, ___, 8	
13.	7, 8, ___, 10		28.	___, 14, 16, 18	
14.	17, ___, 19, 20		29.	8, ___, 4, 2	
15.	15, 14, ___, 12		30.	___, 18, 16, 14	

Դաս 10.   Օգտագործեք >, = և < նշանները քանակները և թվերը
համեմատելու համար:

ՄԻԱՎՈՐՆԵՐԻ ՊԱՏՄՈՒԹՅՈՒՆ Դաս 10 Սպրինտ 1•4

Բ

Ճիշտ պատասխան

Անուն ______________________ Ամսաթիվ ______________

*Գրեք բացակայող թիվը հաջորդականությամբ:

1.	1, 2, 3, ___		16.	13, ___, 11, 10	
2.	11, 12, 13, ___		17.	___, 22, 21, 20	
3.	21, 22, 23, ___		18.	5, 15, ___, 35	
4.	10, 9, 8, ___		19.	4, ___, 24, 34	
5.	20, 19, 18, ___		20.	___, 17, 27, 37	
6.	30, 29, 28, ___		21.	___, 29, 19, 9	
7.	0, 10, 20, ___		22.	31, ___, 11, 1	
8.	3, 13, 23, ___		23.	___, 30, 31, 32	
9.	6, 16, 26, ___		24.	19, ___, 21, 22	
10.	40, 30, 20, ___		25.	5, ___, 25, 35	
11.	38, 28, 18, ___		26.	___, 25, 15, 5	
12.	6, 7, 8, ___		27.	2, 4, ___, 8	
13.	6, 7, ___, 9		28.	___, 12, 14, 16	
14.	16, ___, 18, 19		29.	12, ___, 8, 6	
15.	16, ___, 14, 13		30.	___, 20, 18, 16	

| ՄԻԱՎՈՐՆԵՐԻ ՊԱՏՄՈՒԹՅՈՒՆ | | Դաս 12 Սպրինտ | 1•4 |

ա

Ճիշտ պատասխան

Անուն _____ Ամսաթիվ _____

*Գրեք պակասող թիվը: Ուշադրություն դարձրեք + և – նշաններին:

1.	3 + ☐ = 4		16.	3 + ☐ = 7	
2.	1 + ☐ = 4		17.	7 = 4 + ☐	
3.	4 – 1 = ☐		18.	7 – 4 = ☐	
4.	4 – 3 = ☐		19.	7 – 3 = ☐	
5.	3 + ☐ = 5		20.	3 + ☐ = 8	
6.	2 + ☐ = 5		21.	8 = 5 + ☐	
7.	5 – 2 = ☐		22.	☐ = 8 – 5	
8.	5 – 3 = ☐		23.	☐ = 8 – 3	
9.	4 + ☐ = 6		24.	3 + ☐ = 9	
10.	2 + ☐ = 6		25.	9 = 6 + ☐	
11.	6 – 2 = ☐		26.	☐ = 9 – 6	
12.	6 – 4 = ☐		27.	☐ = 9 – 3	
13.	6 – 3 = ☐		28.	9 – 4 = ☐ + 2	
14.	3 + ☐ = 6		29.	☐ + 3 = 9 – 3	
15.	6 - ☐ = 3		30.	☐ – 7 = 8 – 6	

Դաս 12. Երկնիշ թվին ավելացրե՛ք տասնյակներ:

ՄԻԱՎՈՐՆԵՐԻ ՊԱՏՄՈՒԹՅՈՒՆ   Դաս 12 Սպրինտ   1•4

Բ   Ճիշտ պատասխան

Անուն _____   Ամսաթիվ _____

*Գրեք պակասող թիվը։ Ուշադրություն դարձրեք + և − նշաններին։

1.	4 + □ = 4		16.	2 + □ = 7	
2.	0 + □ = 4		17.	7 = 5 + □	
3.	4 − 0 = □		18.	7 − 5 = □	
4.	4 − 4 = □		19.	7 − 2 = □	
5.	4 + □ = 5		20.	2 + □ = 8	
6.	1 + □ = 5		21.	8 = 6 + □	
7.	5 − 1 = □		22.	□ = 8 − 6	
8.	5 − 4 = □		23.	□ = 8 − 2	
9.	5 + □ = 6		24.	2 + □ = 9	
10.	1 + □ = 6		25.	9 = 7 + □	
11.	6 − 1 = □		26.	□ = 9 − 7	
12.	6 − 5 = □		27.	□ = 9 − 2	
13.	2 + □ = 6		28.	9 − 3 = □ + 3	
14.	4 + □ = 6		29.	□ + 2 = 9 − 4	
15.	6 − 4 = □		30.	□ − 6 = 8 − 3	

Դաս 12.   Երկնիշ թվին ավելացրե՛ք տասնյակներ։

ՄԻԱՎՈՐՆԵՐԻ ՊԱՏՄՈՒԹՅՈՒՆ   Դաս 17 հիմնական գումարման գիտելիքների տեսություն   1•4

Անուն _____   Ամսաթիվ _____

հիմնական գումարման գիտելիքների տեսություն. բացակայող գումարելի

1. 5 + ___ = 5
2. 4 + ___ = 5
3. 2 + ___ = 5
4. 3 + ___ = 5
5. 0 + ___ = 5
6. 1 + ___ = 5
7. 1 + ___ = 6
8. 0 + ___ = 6
9. 6 + ___ = 6
10. 5 + ___ = 6
11. 3 + ___ = 6
12. 4 + ___ = 6
13. 2 + ___ = 6
14. 2 + ___ = 7
15. 5 + ___ = 7

16. 6 + ___ = 7
17. 1 + ___ = 7
18. 0 + ___ = 7
19. 7 + ___ = 7
20. 3 + ___ = 7
21. 4 + ___ = 7
22. 4 + ___ = 8
23. 5 + ___ = 8
24. 6 + ___ = 8
25. 2 + ___ = 8
26. 3 + ___ = 8
27. 0 + ___ = 8
28. 8 + ___ = 8
29. 7 + ___ = 8
30. 1 + ___ = 8

31. 9 + ___ = 9
32. 0 + ___ = 9
33. 1 + ___ = 9
34. 2 + ___ = 9
35. 7 + ___ = 9
36. 6 + ___ = 9
37. 5 + ___ = 9
38. 3 + ___ = 9
39. 4 + ___ = 9
40. 4 + ___ = 10
41. 5 + ___ = 10
42. 6 + ___ = 10
43. 3 + ___ = 10
44. 1 + ___ = 10
45. 2 + ___ = 10

Դաս 17.   Գումարե՛ք միավորները միավորներին կամ տասնյակները տասնյակներին:

ՄԻԱՎՈՐՆԵՐԻ ՊԱՏՄՈՒԹՅՈՒՆ Դաս 19 Սպրինտ 1•4

ա

Ճիշտ պատասխան

Անուն _____ Ամսաթիվ _____

*Գրեք պակասող թիվը:

1	6 + 1 = ☐		16	6 + 3 = ☐	
2	16 + 1 = ☐		17	16 + 3 = ☐	
3	26 + 1 = ☐		18	26 + 3 = ☐	
4	5 + 2 = ☐		19.	4 + 5 = ☐	
5	15 + 2 = ☐		20	15 + 4 = ☐	
6	25 + 2 = ☐		21	8 + 2 = ☐	
7	5 + 3 = ☐		22	18 + 2 = ☐	
8	15 + 3 = ☐		23	28 + 2 = ☐	
9	25 + 3 = ☐		24	8 + 3 = ☐	
10	4 + 4 = ☐		25	8 + 13 = ☐	
11	14 + 4 = ☐		26	8 + 23 = ☐	
12	24 + 4 = ☐		27	8 + 5 = ☐	
13	5 + 4 = ☐		28	8 + 15 = ☐	
14	15 + 4 = ☐		29	28 + ☐ = 33	
15	25 + 4 = ☐		30	25 + ☐ = 33	

Դաս 19 . Օգտագործեք ժապավենային դիագրամ *գումարեք/հանեք անհայտ ամբողջը և բառային խնդրում անհայտ արդյունքը:*

ՄԻԱՎՈՐՆԵՐԻ ՊԱՏՈՒԹՅՈՒՆ   Դաս 19 Սպրինտ   1•4

Բ

Ճիշտ պատասխան

Անուն _____   Ամսաթիվ _____

*Գրեք պակասող թիվը:

1	5 + 1 = ☐		16	6 + 3 = ☐	
2	15 + 1 = ☐		17	16 + 3 = ☐	
3	25 + 1 = ☐		18	26 + 3 = ☐	
4	4 + 2 = ☐		19.	3 + 5 = ☐	
5	14 + 2 = ☐		20	15 + 3 = ☐	
6	24 + 2 = ☐		21	9 + 1 = ☐	
7	5 + 3 = ☐		22	19 + 1 = ☐	
8	15 + 3 = ☐		23	29 + 1 = ☐	
9	25 + 3 = ☐		24	9 + 2 = ☐	
10	6 + 2 = ☐		25	9 + 12 = ☐	
11	16 + 2 = ☐		26	9 + 22 = ☐	
12	26 + 2 = ☐		27	9 + 5 = ☐	
13	4 + 3 = ☐		28	9 + 15 = ☐	
14	14 + 3 = ☐		29	29 + ☐ = 34	
15	24 + 3 = ☐		30	25 + ☐ = 34	

Դաս 19 . Օգտագործեք ժապավենային դիագրամ գումարեք/հանեք անհայտ ամբողջը և բառային խնդրում անհայտ արդյունքը:

ՄԻԿՎՈՐՆԵՐԻ ՊԱՏՄՈՒԹՅՈՒՆ Դաս 22 Սպրինտ 1•4

Ա

Ճիշտ պատասխան

Անուն _____ Ամսաթիվ _____

*Գրեք պակասող թիվը: Ուշադրություն դարձրեք + և − նշաններին:

1	2 + 2 = ☐		16	2 + ☐ = 8	
2	2 + ☐ = 4		17	6 + ☐ = 8	
3	4 − 2 = ☐		18	8 − 6 = ☐	
4	3 + 3 = ☐		19.	8 − 2 = ☐	
5	3 + ☐ = 6		20	9 + 2 = ☐	
6	6 − 3 = ☐		21	9 + ☐ = 11	
7	4 + ☐ = 7		22	11 − 9 = ☐	
8	3 + ☐ = 7		23	9 + ☐ = 15	
9	7 − 3 = ☐		24	15 − 9 = ☐	
10	7 − 4 = ☐		25	8 + ☐ = 15	
11	5 + 4 = ☐		26	15 − ☐ = 8	
12	4 + ☐ = 9		27	8 + ☐ = 17	
13	9 − 4 = ☐		28	17 − ☐ = 8	
14	9 − 5 = ☐		29	27 − ☐ = 8	
15	9 − ☐ = 4		30	37 − ☐ = 8	

Դաս 22 .   Գրեք բառային խնդիրները տարբեր եղանակներով:

ՄԻԱՎՈՐՆԵՐԻ ՊԱՏՄՈՒԹՅՈՒՆ Դաս 22 Սպրինտ 1•4

Բ

Ճիշտ պատասխան

Անուն ______________________ Ամսաթիվ ______________

*Գրեք պակասող թիվը: Ուշադրություն դարձրեք + և – նշաններին:

1	3 + 3 = □		16	2 + □ = 9	
2	3 + □ = 6		17	7 + □ = 9	
3	6 – 3 = □		18	9 – 7 = □	
4	4 + 4 = □		19.	9 – 2 = □	
5	4 + □ = 8		20	9 + 5 = □	
6	8 – 4 = □		21	9 + □ = 14	
7	4 + □ = 9		22	14 - 9 = □	
8	5 + □ = 9		23	9 + □ = 16	
9	9 – 5 = □		24	16 - 9 = □	
10	9 – 4 = □		25	8 + □ = 16	
11	3 + 4 = □		26	16 - □ = 8	
12	4 + □ = 7		27	8 + □ = 16	
13	7 – 4 = □		28	16 - □ = 8	
14	7 – 3 = □		29	26 – □ = 8	
15	7 - □ = 3		30	36 – □ = 8	

EUREKA MATH Դաս 22 . Գրեք բառային խնդիրները տարբեր եղանակներով: 35

ՄԻԱՎՈՐՆԵՐԻ ՊԱՏՄՈՒԹՅՈՒՆ Դաս 23 Հիմնական գիտելիքների ստուգման աշխատանքներ A 1•4

Անուն _____ Ամսաթիվ _____

Գումարման գործողության իմ աշխատանքը

1. 6 + 0 = ___
2. 0 + 6 = ___
3. 5 + 1 = ___
4. 1 + 5 = ___
5. 6 + 1 = ___
6. 1 + 6 = ___
7. 6 + 2 = ___
8. 5 + 2 = ___
9. 2 + 5 = ___
10. 2 + 4 = ___

11. 7 + 1 = ___
12. ___ = 1 + 7
13. 3 + 3 = ___
14. 3 + 4 = ___
15. ___ = 3 + 5
16. 6 + 3 = ___
17. 7 + 3 = ___
18. ___ = 7 + 2
19. 2 + 7 = ___
20. 2 + 8 = ___

21. 5 + 3 = ___
22. ___ = 5 + 4
23. 6 + 4 = ___
24. 4 + 6 = ___
25. ___ = 4 + 4
26. 3 + 4 = ___
27. 5 + 5 = ___
28. ___ = 4 + 5
29. 3 + 7 = ___
30. ___ = 3 + 6

Այսօր վերջացրեցի _____ խնդիրները:

Լուծեցի _____ խնդիրները ճշտորեն:

Դաս 23. Մեկնաբանեք երկնիշ թվերը որպես տասեր և մեկեր ներառյալ 9-ից ավել մեկեր:

Անուն _____ Ամսաթիվ _____

իմ բացակայող գումարելիի աշխատանքը

1. 6 + ___ = 6	11. 3 + ___ = 6	21. 4 + ___ = 7
2. 0 + ___ = 6	12. 4 + ___ = 8	22. 7 = 3 + ___
3. 5 + ___ = 6	13. 10 = 5 + ___	23. 2 + ___ = 7
4. 4 + ___ = 6	14. 5 + ___ = 9	24. 2 + ___ = 8
5. 0 + ___ = 7	15. 5 + ___ = 7	25. 9 = 2 + ___
6. 6 + ___ = 7	16. 8 = 5 + ___	26. 2 + ___ = 10
7. 1 + ___ = 7	17. 5 + ___ = 9	27. 10 = 3 + ___
8. 7 + ___ = 8	18. 8 + ___ = 10	28. 3 + ___ = 9
9. 1 + ___ = 8	19. 7 + ___ = 10	29. 4 + ___ = 9
10. 6 + ___ = 8	20. 10 = 6 + ___	30. 10 = 4 + ___

Այսօր վերջացրեցի _____ խնդիրները:

Լուծեցի _____ խնդիրները ճշտորեն:

ՄԻԱՎՈՐՆԵՐԻ ՊԱՏՄՈՒԹՅՈՒՆ   Դաս 23 Հիմնական գիտելիքների ստուգման աշխատանքներ C   1•4

Անուն _____   Ամսաթիվ _____

Լրացման և հանման իմ աշխատանքը

1. $5 + \_\_\_ = 6$	11. $7 + \_\_\_ = 10$	21. $4 + \_\_\_ = 8$
2. $1 + \_\_\_ = 6$	12. $10 - 7 = \_\_\_$	22. $8 - 4 = \_\_\_$
3. $6 - 1 = \_\_\_$	13. $5 + \_\_\_ = 7$	23. $4 + \_\_\_ = 7$
4. $9 + \_\_\_ = 10$	14. $7 - 5 = \_\_\_$	24. $7 - 4 = \_\_\_$
5. $1 + \_\_\_ = 10$	15. $5 + \_\_\_ = 8$	25. $5 + \_\_\_ = 9$
6. $10 - 9 = \_\_\_$	16. $8 - 5 = \_\_\_$	26. $9 - 5 = \_\_\_$
7. $5 + \_\_\_ = 10$	17. $4 + \_\_\_ = 6$	27. $6 + \_\_\_ = 9$
8. $10 - 5 = \_\_\_$	18. $6 - 4 = \_\_\_$	28. $9 - 6 = \_\_\_$
9. $8 + \_\_\_ = 10$	19. $3 + \_\_\_ = 6$	29. $4 + \_\_\_ = 7$
10. $10 - 8 = \_\_\_$	20. $6 - 3 = \_\_\_$	30. $7 - 4 = \_\_\_$

Այսօր վերջացրեցի _____ խնդիրները:

Լուծեցի _____ խնդիրները ճշտորեն:

Դաս 23.   Մեկնաբանեք երկնիշ թվերը որպես տասեր և մեկեր ներառյալ 9-ից ավել մեկեր:

ՄԻԱՎՈՐՆԵՐԻ ՊԱՏՄՈՒԹՅՈՒՆ   Դաս 23 Հիմնական գիտելիքների ստուգման աշխատանքեր D   1•4

Անուն _____   Ամսաթիվ _____

Հանման գործողության իմ աշխատանքը

1. 6 – 0 = ___	11. 6 – 3 = ___	21. 8 – 4 = ___
2. 6 – 1 = ___	12. 7 – 3 = ___	22. 8 – 3 = ___
3. 7 – 1 = ___	13. 9 – 3 = ___	23. 8 – 5 = ___
4. 8 – 1 = ___	14. 10 – 8 = ___	24. 9 – 5 = ___
5. 6 – 2 = ___	15. 10 – 6 = ___	25. 9 – 4 = ___
6. 7 – 2 = ___	16. 10 – 4 = ___	26. 7 – 3 = ___
7. 9 – 2 = ___	17. 10 – 5 = ___	27. 10 – 7 = ___
8. 10 – 10 = ___	18. 7 – 6 = ___	28. 9 – 7 = ___
9. 10 – 9 = ___	19. 7 – 5 = ___	29. 9 – 6 = ___
10. 10 – 7 = ___	20. 6 – 4 = ___	30. 8 – 6 = ___

Այսօր վերջացրեցի _____ խնդիրները:

Լուծեցի _____ խնդիրները ճշտորեն:

Դաս 23.   Մեկնաբանեք երկնիշ թվերը որպես տասեր և մեկեր ներառյալ 9-ից ավել մեկեր:

Copyright © Great Minds PBC

ՄԻԱՎՈՐՆԵՐԻ ՊԱՏՄՈՒԹՅՈՒՆ Դաս 23 Հիմնական գիտելիքների ստուգման աշխատանքներ E 1•4

Անուն _____ Ամսաթիվ _____

Իմ խառը գործողությունները

1. $4 + 2 = \_\_\_$	11. $2 + \_\_\_ = 6$	21. $8 - 5 = \_\_\_$
2. $2 + \_\_\_ = 6$	12. $6 - 2 = \_\_\_$	22. $3 + \_\_\_ = 8$
3. $6 = 3 + \_\_\_$	13. $6 - 4 = \_\_\_$	23. $8 = \_\_\_ + 5$
4. $2 + 5 = \_\_\_$	14. $5 + \_\_\_ = 7$	24. $\_\_\_ + 2 = 9$
5. $7 = 5 + \_\_\_$	15. $7 - 5 = \_\_\_$	25. $9 = \_\_\_ + 7$
6. $4 + 3 = \_\_\_$	16. $7 - 4 = \_\_\_$	26. $9 - 2 = \_\_\_$
7. $7 = \_\_\_ + 4$	17. $7 - 3 = \_\_\_$	27. $9 - 7 = \_\_\_$
8. $8 = \_\_\_ + 4$	18. $8 = 6 + \_\_\_$	28. $9 - 6 = \_\_\_$
9. $4 + 5 = \_\_\_$	19. $8 - 2 = \_\_\_$	29. $9 = \_\_\_ + 4$
10. $9 = \_\_\_ + 4$	20. $8 - 6 = \_\_\_$	30. $9 - 6 = \_\_\_$

Այսօր վերջացրեցի _____ խնդիրները:

Լուծեցի _____ խնդիրները ճշտորեն:

Դաս 23. Մեկնաբանեք երկնիշ թվերը որպես տասեր և մեկեր ներառյալ 9-ից ավել մեկեր:

ՄԻԱՎՈՐՆԵՐԻ ՊԱՏՄՈՒԹՅՈՒՆ Դաս 25 Հիմնական գիտելիքների սպրինտ 1•4

Ա

ճիշտ պատասխան

Անուն ______________________ Ամսաթիվ ______________

*Գրեք պակասող թիվը:

1.	5 + □ = 10		16.	9 + □ = 10	
2.	9 + □ = 10		17.	19 + □ = 20	
3.	10 + □ = 10		18.	5 + □ = 10	
4.	0 + □ = 10		19.	15 + □ = 20	
5.	8 + □ = 10		20.	1 + □ = 10	
6.	7 + □ = 10		21.	11 + □ = 20	
7.	6 + □ = 10		22.	3 + □ = 10	
8.	4 + □ = 10		23.	13 + □ = 20	
9.	3 + □ = 10		24.	4 + □ = 10	
10.	□ + 7 = 10		25.	14 + □ = 20	
11.	2 + □ = 10		26.	16 + □ = 20	
12.	□ + 8 = 10		27.	2 + □ = 10	
13.	1 + □ = 10		28.	12 + □ = 20	
14.	□ + 2 = 10		29.	18 + □ = 20	
15.	□ + 3 = 10		30.	11 + □ = 20	

Դաս 25. Գումարեք երկու երկնիշ թվեր, որոնց միավորների գումարը փոքր կամ հավասար է 10-ի:

| ՄԻԱՎՈՐՆԵՐԻ ՊԱՏՄՈՒԹՅՈՒՆ | Դաս 25 Հիմնական գիտելիքների սպրինտ | 1•4 |

Բ

Ճիշտ պատասխան

Անուն _____ Ամսաթիվ _____

*Գրեք պակասող թիվը:

1.	10 + ☐ = 10		16.	5 + ☐ = 10	
2.	0 + ☐ = 10		17.	15 + ☐ = 20	
3.	9 + ☐ = 10		18.	9 + ☐ = 10	
4.	5 + ☐ = 10		19.	19 + ☐ = 20	
5.	6 + ☐ = 10		20.	8 + ☐ = 10	
6.	7 + ☐ = 10		21.	18 + ☐ = 20	
7.	8 + ☐ = 10		22.	2 + ☐ = 10	
8.	2 + ☐ = 10		23.	12 + ☐ = 20	
9.	3 + ☐ = 10		24.	3 + ☐ = 10	
10.	☐ + 7 = 10		25.	13 + ☐ = 20	
11.	2 + ☐ = 10		26.	17 + ☐ = 20	
12.	☐ + 8 = 10		27.	4 + ☐ = 10	
13.	1 + ☐ = 10		28.	16 + ☐ = 20	
14.	☐ + 9 = 10		29.	18 + ☐ = 20	
15.	☐ + 2 = 10		30.	12 + ☐ = 40	

Դաս 25. Գումարեք երկու երկնիշ թվեր, որոնց միավորների գումարը փոքր կամ հավասար է 10-ի:

ՄԻԱՎՈՐՆԵՐԻ ՊԱՏՄՈՒԹՅՈՒՆ   Դաս 27 Գիտելիքի ստուգման ձևանմուշ   1•4

Անուն _____   Ամսաթիվ _____

 **Մրցավազք դեպի վերև:**

2	3	4	5	6	7	8	9	10	11	12

մրցավազք դեպի վերև:

Դաս 27: Գումարեք երկու երկնիշ թվեր, որոնց միավորների գումարը մեծ է 10-ից:

Անուն ______________________________ ամսաթիվ ____________________

Մրցավազք դեպի վերև:

2	3	4	5	6	7	8	9	10	11	12

____

Մրցավազք դեպի վերև:

Դաս 29: Գումարեք միավորների փոփոխական գումարներով երկնիշ թվերը 53

Դասարան 1
Մոդուլ 5

ՄԻԱՎՈՐՆԵՐԻ ՊԱՏՄՈՒԹՅՈՒՆ Դաս 1 Հիմնական գումարման սպրինտ 1 1•5

Ճիշտ պատասխան

A

Անուն ______________________ Ամսաթիվ ____________

*Գրեք անհայտ թիվը: Ուշադրություն դարձրեք նշաններին:

1.	4 + 1 = _____	16.	4 + 3 = _____
2.	4 + 2 = _____	17.	_____ + 4 = 7
3.	4 + 3 = _____	18.	7 = _____ + 4
4.	6 + 1 = _____	19.	5 + 4 = _____
5.	6 + 2 = _____	20.	_____ + 5 = 9
6.	6 + 3 = _____	21.	9 = _____ + 4
7.	1 + 5 = _____	22.	2 + 7 = _____
8.	2 + 5 = _____	23.	_____ + 2 = 9
9.	3 + 5 = _____	24.	9 = _____ + 7
10.	5 + _____ = 8	25.	3 + 6 = _____
11.	8 = 3 + _____	26.	_____ + 3 = 9
12.	7 + 2 = _____	27.	9 = _____ + 6
13.	7 + 3 = _____	28.	4 + 4 = _____ + 2
14.	7 + _____ = 10	29.	5 + 4 = _____ + 3
15.	_____ + 7 = 10	30.	_____ + 7 = 3 + 6

B

Ճիշտ պատասխան

Անուն ____________________ Ամսաթիվ ____________

*Գրեք անհայտ թիվը: Ուշադրություն դարձրեք նշաններին:

1.	5 + 1 = _____	16.	2 + 4 = _____
2.	5 + 2 = _____	17.	_____ + 4 = 6
3.	5 + 3 = _____	18.	6 = _____ + 4
4.	4 + 1 = _____	19.	3 + 4 = _____
5.	4 + 2 = _____	20.	_____ + 3 = 7
6.	4 + 3 = _____	21.	7 = _____ + 4
7.	1 + 3 = _____	22.	4 + 5 = _____
8.	2 + 3 = _____	23.	_____ + 4 = 9
9.	3 + 3 = _____	24.	9 = _____ + 5
10.	3 + _____ = 6	25.	2 + 6 = _____
11.	_____ + 3 = 6	26.	_____ + 6 = 9
12.	5 + 2 = _____	27.	9 = _____ + 2
13.	5 + 3 = _____	28.	3 + 3 = _____ + 4
14.	5 + _____ = 8	29.	3 + 4 = _____ + 5
15.	_____ + 3 = 8	30.	_____ + 6 = 2 + 7

Դաս 1. Դասակարգեք պատկերները՝ ելնելով սահմանող հատկություններից, օգտագործելով օրինակներ, տարբերակներ և հակաօրինակներ

ՄԻԱՎՈՐՆԵՐԻ ՊԱՏՄՈՒԹՅՈՒՆ Դաս 1 Հիմնական գումարման սպրինտ 2 1•5

A

Ճիշտ պատասխան

Անուն ______________________ Ամսաթիվ ____________

*Գրեք անհայտ թիվը: Ուշադրություն դարձրեք հավասարման նշանին:

1.	5 + 2 = _____	16.	_____ = 5 + 4
2.	6 + 2 = _____	17.	_____ = 4 + 5
3.	7 + 2 = _____	18.	6 + 3 = _____
4.	4 + 3 = _____	19.	3 + 6 = _____
5.	5 + 3 = _____	20.	_____ = 2 + 6
6.	6 + 3 = _____	21.	2 + 7 = _____
7.	_____ = 6 + 2	22.	_____ = 3 + 4
8.	_____ = 2 + 6	23.	3 + 6 = _____
9.	_____ = 7 + 2	24.	_____ = 4 + 5
10.	_____ = 2 + 7	25.	3 + 4 = _____
11.	_____ = 4 + 3	26.	13 + 4 = _____
12.	_____ = 3 + 4	27.	3 + 14 = _____
13.	_____ = 5 + 3	28.	3 + 6 = _____
14.	_____ = 3 + 5	29.	13 + _____ = 19
15.	_____ = 3 + 4	30.	19 = _____ + 16

EUREKA MATH

Դաս 1. Դասակարգեք պատկերները՝ ելնելով սահմանող հատկություններից, օգտագործելով օրինակներ, տարբերակներ և հակաօրինակներ

B

Ճիշտ պատասխան

Անուն ______________________ Ամսաթիվ ______________

*Գրեք անհայտ թիվը: Ուշադրություն դարձրեք հավասարման նշանին:

1.	4 + 3 = _____	16.	_____ = 6 + 3
2.	5 + 3 = _____	17.	_____ = 3 + 6
3.	6 + 3 = _____	18.	5 + 4 = _____
4.	6 + 2 = _____	19.	4 + 5 = _____
5.	7 + 2 = _____	20.	_____ = 2 + 7
6.	5 + 4 = _____	21.	2 + 6 = _____
7.	_____ = 4 + 3	22.	_____ = 3 + 4
8.	_____ = 3 + 4	23.	4 + 5 = _____
9.	_____ = 5 + 3	24.	_____ = 3 + 6
10.	_____ = 3 + 5	25.	2 + 7 = _____
11.	_____ = 6 + 2	26.	12 + 7 = _____
12.	_____ = 2 + 6	27.	2 + 17 = _____
13.	_____ = 7 + 2	28.	4 + 5 = _____
14.	_____ = 2 + 7	29.	14 + _____ = 19
15.	_____ = 7 + 2	30.	19 = _____ + 15

Դաս 1. Դասակարգեք պատկերները՝ ելնելով սահմանող հատկություններից, օգտագործելով օրինակներ, տարբերակներ և հակաօրինակներ

ՄԻԱՎՈՐՆԵՐԻ ՊԱՏՄՈՒԹՅՈՒՆ Դաս 1 Հիմնական հանման սպրինտ 1•5

A

Ճիշտ պատասխան

Անուն _____ Ամսաթիվ _____

*Գրեք անհայտ թիվը: Ուշադրություն դարձրեք նշաններին:

1.	6 – 1 = ____	16.	8 – 2 = ____
2.	6 – 2 = ____	17.	8 – 6 = ____
3.	6 – 3 = ____	18.	7 – 3 = ____
4.	10 – 1 = ____	19.	7 – 4 = ____
5.	10 – 2 = ____	20.	8 – 4 = ____
6.	10 – 3 = ____	21.	9 – 4 = ____
7.	7 – 2 = ____	22.	9 – 5 = ____
8.	8 – 2 = ____	23.	9 – 6 = ____
9.	9 – 2 = ____	24.	9 – ____ = 6
10.	7 – 3 = ____	25.	9 – ____ = 2
11.	8 – 3 = ____	26.	2 = 8 – ____
12.	10 – 3 = ____	27.	2 = 9 – ____
13.	10 – 4 = ____	28.	10 – 7 = 9 – ____
14.	9 – 4 = ____	29.	9 – 5 = ____ – 3
15.	8 – 4 = ____	30.	____ – 6 = 9 – 7

ՄԻԱՎՈՐՆԵՐԻ ՊԱՏՄՈՒԹՅՈՒՆ   Դաս 1 Հիմնական հանման սպրինտ

B

Ճիշտ պատասխան

Անուն _____   Ամսաթիվ _____

*Գրեք անհայտ թիվը։ Ուշադրություն դարձրեք նշաններին։

1.	5 – 1 = ____	16.	6 – 2 = ____
2.	5 – 2 = ____	17.	6 – 4 = ____
3.	5 – 3 = ____	18.	8 – 3 = ____
4.	10 – 1 = ____	19.	8 – 5 = ____
5.	10 – 2 = ____	20.	8 – 6 = ____
6.	10 – 3 = ____	21.	9 – 3 = ____
7.	6 – 2 = ____	22.	9 – 6 = ____
8.	7 – 2 = ____	23.	9 – 7 = ____
9.	8 – 2 = ____	24.	9 – ____ = 5
10.	6 – 3 = ____	25.	9 – ____ = 4
11.	7 – 3 = ____	26.	4 = 8 – ____
12.	8 – 3 = ____	27.	4 = 9 – ____
13.	5 – 4 = ____	28.	10 – 8 = 9 – ____
14.	6 – 4 = ____	29.	8 – 6 = ____ – 7
15.	7 – 4 = ____	30.	____ – 4 = 9 – 6

ՄԻԱՎՈՐՆԵՐԻ ՊԱՏՄՈՒԹՅՈՒՆ Հիմնական գիտելիքների սպրինտ. 5-ի, 6-ի, և 7-ի ամբողջները 1•5

A

Ճիշտ պատասխան

Անուն ______________________ Ամսաթիվ ______________

*Գրեք անհայտ թիվը: Ուշադրություն դարձրեք նշաններին:

1.	2 + 3 =	16.	3 + 3 =
2.	3 + _____ = 5	17.	6 – 3 =
3.	5 – 3 =	18.	6 = _____ + 3
4.	5 – 2 =	19.	2 + 5 =
5.	+ 2 = 5	20.	5 + _____ = 7
6.	1 + 5 =	21.	7 – 2 =
7.	1 + _____ = 6	22.	7 – 5 =
8.	6 – 1 =	23.	7 = _____ + 5
9.	6 – 5 =	24.	3 + 4 =
10.	+ 5 = 6	25.	4 + _____ = 7
11.	4 + 2 =	26.	7 – 4 =
12.	2 + _____ = 6	27.	7 = _____ + 3
13.	6 – 2 =	28.	3 = 7 -
14.	6 – 4 =	29.	7 – 5 = _____ – 4
15.	+ 4 = 6	30.	- 3 = 7 – 4

Դաս 1. Դասակարգեք պատկերները՝ ելնելով սահմանող հատկություններից, օգտագործելով օրինակներ, տարբերակներ և հակաօրինակներ

B

Ճիշտ պատասխան

Անուն _____ Ամսաթիվ _____

*Գրեք անհայտ թիվը: Ուշադրություն դարձրեք նշաններին:

1.	1 + 4 =	16.	3 + 3 =
2.	4 + ____ = 5	17.	6 – 3 =
3.	5 – 4 =	18.	6 = ____ + 3
4.	5 – 1 =	19.	2 + 4 =
5.	___ + 1 = 5	20.	4 + ____ = 6
6.	5 + 2 =	21.	6 – 2 =
7.	5 + ____ = 7	22.	6 – 4 =
8.	7 – 2 =	23.	6 = ____ + 4
9.	7 – 5 = ____	24.	3 + 4 =
10.	___ + 2 = 7	25.	4 + ____ = 7
11.	1 + 5 =	26.	7 – 4 =
12.	1 + ____ = 6	27.	7 = ____ + 4
13.	6 – 1 =	28.	4 = 7 –
14.	6 – 5 =	29.	6 – 4 = ____ – 5
15.	___ + 5 = 6	30.	___ – 2 = 7 – 3

Ճիշտ պատասխան

A

Անուն ______________________ Ամսաթիվ ____________

*Գրեք անհայտ թիվը: Ուշադրություն դարձրեք նշաններին:

1.	5 + 5 =	16.	2 + 6 =
2.	5 + _____ = 10	17.	8 = 6 +
3.	10 – 5 =	18.	8 – 2 =
4.	9 + 1 =	19.	2 + 7 =
5.	1 + _____ = 10	20.	9 = 7 +
6.	10 – 1 =	21.	9 – 7 =
7.	10 – 9 =	22.	8 = _____ + 2
8.	+ 9 = 10	23.	8 – 6 =
9.	1 + 8 =	24.	3 + 6 =
10.	8 + _____ = 9	25.	9 = 6 +
11.	9 – 1 =	26.	9 – 6 =
12.	9 – 8 =	27.	9 = _____ + 3
13.	+ 1 = 9	28.	3 = 9 -
14.	4 + 4 =	29.	9 – 5 = _____ – 6
15.	8 – 4 =	30.	- 7 = 8 – 6

ՄԻԱՎՈՐՆԵՐԻ ՊԱՏՄՈՒԹՅՈՒՆ Հիմնական գիտելիքների սպրինտ. 8-ի, 9-ի, և 10-ի ամբողջները 1•5

B

Ճիշտ պատասխան

Անուն ______________________ Ամսաթիվ ______________

*Գրեք անհայտ թիվը: Ուշադրություն դարձրեք նշաններին:

1.	9 + 1 =	16.	3 + 5 =
2.	1 + _____ = 10	17.	8 = 5 +
3.	10 – 1 =	18.	8 – 3 =
4.	10 – 9 =	19.	2 + 6 =
5.	+ 9 = 10	20.	8 = 6 +
6.	1 + 7 =	21.	8 – 6 =
7.	7 + _____ = 8	22.	2 + 7 =
8.	8 – 1 =	23.	9 = _____ + 2
9.	8 – 7 =	24.	9 – 7 =
10.	+ 1 = 8	25.	4 + 5 =
11.	2 + 8 =	26.	9 = 5 +
12.	2 + _____ = 10	27.	9 – 5 =
13.	10 – 2 =	28.	5 = 9 -
14.	10 – 8 =	29.	9 – 6 = _____ – 5
15.	+ 8 = 10	30.	- 6 = 9 – 7

ՄԻԱՎՈՐՆԵՐԻ ՊԱՏՄՈՒԹՅՈՒՆ   Դաս 3 Հիմնական գիտելիքների ստուգման աշխատանքներ A

Անուն _____ Ամսաթիվ _____

Գումարման գործողության իմ աշխատանքը

1. 6 + 0 = ___
2. 0 + 6 = ___
3. 5 + 1 = ___
4. 1 + 5 = ___
5. 6 + 1 = ___
6. 1 + 6 = ___
7. 6 + 2 = ___
8. 5 + 2 = ___
9. 2 + 5 = ___
10. 2 + 4 = ___

11. 7 + 1 = ___
12. ___ = 1 + 7
13. 3 + 3 = ___
14. 3 + 4 = ___
15. ___ = 3 + 5
16. 6 + 3 = ___
17. 7 + 3 = ___
18. ___ = 7 + 2
19. 2 + 7 = ___
20. 2 + 8 = ___

21. 5 + 3 = ___
22. ___ = 5 + 4
23. 6 + 4 = ___
24. 4 + 6 = ___
25. ___ = 4 + 4
26. 3 + 4 = ___
27. 5 + 5 = ___
28. ___ = 4 + 5
29. 3 + 7 = ___
30. ___ = 3 + 6

Այսօր վերջացրեցի _____ խնդիրները:

ՄԻԱՎՈՐՆԵՐԻ ՊԱՏՄՈՒԹՅՈՒՆ   Դաս 3 Հիմնական գիտելիքների ստուգման աշխատանքներ B   1•5

Անուն _____   Ամսաթիվ _____

իմ բացակայող գումարելիի աշխատանքը

1. $6 + \_\_\_ = 6$
2. $0 + \_\_\_ = 6$
3. $5 + \_\_\_ = 6$
4. $4 + \_\_\_ = 6$
5. $0 + \_\_\_ = 7$
6. $6 + \_\_\_ = 7$
7. $1 + \_\_\_ = 7$
8. $7 + \_\_\_ = 8$
9. $1 + \_\_\_ = 8$
10. $6 + \_\_\_ = 8$

11. $3 + \_\_\_ = 6$
12. $4 + \_\_\_ = 8$
13. $10 = 5 + \_\_\_$
14. $5 + \_\_\_ = 9$
15. $5 + \_\_\_ = 7$
16. $8 = 5 + \_\_\_$
17. $5 + \_\_\_ = 9$
18. $8 + \_\_\_ = 10$
19. $7 + \_\_\_ = 10$
20. $10 = 6 + \_\_\_$

21. $4 + \_\_\_ = 7$
22. $7 = 3 + \_\_\_$
23. $2 + \_\_\_ = 7$
24. $2 + \_\_\_ = 8$
25. $9 = 2 + \_\_\_$
26. $2 + \_\_\_ = 10$
27. $10 = 3 + \_\_\_$
28. $3 + \_\_\_ = 9$
29. $4 + \_\_\_ = 9$
30. $10 = 4 + \_\_\_$

Այսօր վերջացրեցի _____ խնդիրները:

_____ խնդիր ճիշտ լուծեցի:

ՄԻԱՎՈՐՆԵՐԻ ՊԱՏՄՈՒԹՅՈՒՆ Դաս 3 Հիմնական գիտելիքների ստուգման աշխատանքներ C

Անուն _____ Ամսաթիվ _____

Գումարման և հանման իմ աշխատանքը

1. $5 + \_\_\_ = 6$
2. $1 + \_\_\_ = 6$
3. $6 - 1 = \_\_\_$
4. $9 + \_\_\_ = 10$
5. $1 + \_\_\_ = 10$
6. $10 - 9 = \_\_\_$
7. $5 + \_\_\_ = 10$
8. $10 - 5 = \_\_\_$
9. $8 + \_\_\_ = 10$
10. $10 - 8 = \_\_\_$

11. $7 + \_\_\_ = 10$
12. $10 - 7 = \_\_\_$
13. $5 + \_\_\_ = 7$
14. $7 - 5 = \_\_\_$
15. $5 + \_\_\_ = 8$
16. $8 - 5 = \_\_\_$
17. $4 + \_\_\_ = 6$
18. $6 - 4 = \_\_\_$
19. $3 + \_\_\_ = 6$
20. $6 - 3 = \_\_\_$

21. $4 + \_\_\_ = 8$
22. $8 - 4 = \_\_\_$
23. $4 + \_\_\_ = 7$
24. $7 - 4 = \_\_\_$
25. $5 + \_\_\_ = 9$
26. $9 - 5 = \_\_\_$
27. $6 + \_\_\_ = 9$
28. $9 - 6 = \_\_\_$
29. $4 + \_\_\_ = 7$
30. $7 - 4 = \_\_\_$

Այսօր վերջացրեցի _____ խնդիրները:

_____ խնդիր ճիշտ լուծեցի:

Դաս 3. Գտեք և անվանեք եռաչափ երկրաչափական պատկերները, ներառյալ կոն և ուղղանկյուն պրիզմա, հիմնվելով կողմերի հատկությունների և դրանց սահմանող կետերի վրա

EUREKA MATH
Copyright © Great Minds PBC

ՄԻԱՎՈՐՆԵՐԻ ՊԱՏՄՈՒԹՅՈՒՆ Դաս 3 Հիմնական գիտելիքների ստուգման աշխատանքներ D   1•5

Անուն _____ Ամսաթիվ _____

Հանման գործողության իմ աշխատանքը

1. 6 – 0 = ___
2. 6 – 1 = ___
3. 7 – 1 = ___
4. 8 – 1 = ___
5. 6 – 2 = ___
6. 7 – 2 = ___
7. 9 – 2 = ___
8. 10 – 10 = ___
9. 10 – 9 = ___
10. 10 – 7 = ___

11. 6 – 3 = ___
12. 7 – 3 = ___
13. 9 – 3 = ___
14. 10 – 8 = ___
15. 10 – 6 = ___
16. 10 – 4 = ___
17. 10 – 5 = ___
18. 7 – 6 = ___
19. 7 – 5 = ___
20. 6 – 4 = ___

21. 8 – 4 = ___
22. 8 – 3 = ___
23. 8 – 5 = ___
24. 9 – 5 = ___
25. 9 – 4 = ___
26. 7 – 3 = ___
27. 10 – 7 = ___
28. 9 – 7 = ___
29. 9 – 6 = ___
30. 8 – 6 = ___

Այսօր վերջացրեցի _____ խնդիրները:

_____ խնդիր ճիշտ լուծեցի:

Դաս 3. Գտեք և անվանեք եռաչափ երկրաչափական պատկերները, ներառյալ կոն և ուղղանկյուն պրիզմա, հիմնվելով կողմերի հատկությունների և դրանց սահմանող կետերի վրա

ՍԻՎՈՐՆԵՐԻ ՊԱՏՄՈՒԹՅՈՒՆ Դաս 3 Հիմնական գիտելիքների ստուգման աշխատանքներ E

Անուն _____ Ամսաթիվ _____

Իմ խառը գործողությունները

1. 4 + 2 = ___
2. 2 + ___ = 6
3. 6 = 3 + ___
4. 2 + 5 = ___
5. 7 = 5 + ___
6. 4 + 3 = ___
7. 7 = ___ + 4
8. 8 = ___ + 4
9. 4 + 5 = ___
10. 9 = ___ + 4

11. 2 + ___ = 6
12. 6 – 2 = ___
13. 6 – 4 = ___
14. 5 + ___ = 7
15. 7 – 5 = ___
16. 7 – 4 = ___
17. 7 – 3 = ___
18. 8 = 6 + ___
19. 8 – 2 = ___
20. 8 – 6 = ___

21. 8 – 5 = ___
22. 3 + ___ = 8
23. 8 = ___ + 5
24. ___ + 2 = 9
25. 9 = ___ + 7
26. 9 – 2 = ___
27. 9 – 7 = ___
28. 9 – 6 = ___
29. 9 = ___ + 4
30. 9 – 6 = ___

Այսօր վերջացրեցի _____ խնդիրները:

_____ խնդիր ճիշտ լուծեցի:

Դասարան 1
Մոդուլ 6

ՄԻԱՎՈՐՆԵՐԻ ՊԱՏՄՈՒԹՅՈՒՆ Դաս 1 Հիմնական գիտելիքների ստուգման աշխատանքներ A **1•6**

Անուն _____ Ամսաթիվ _____

Գումարման գործողության իմ աշխատանքը

1. $6 + 0 =$ ____	11. $7 + 1 =$ ____	21. $5 + 3 =$ ____
2. $0 + 6 =$ ____	12. ____ $= 1 + 7$	22. ____ $= 5 + 4$
3. $5 + 1 =$ ____	13. $3 + 3 =$ ____	23. $6 + 4 =$ ____
4. $1 + 5 =$ ____	14. $3 + 4 =$ ____	24. $4 + 6 =$ ____
5. $6 + 1 =$ ____	15. ____ $= 3 + 5$	25. ____ $= 4 + 4$
6. $1 + 6 =$ ____	16. $6 + 3 =$ ____	26. $3 + 4 =$ ____
7. $6 + 2 =$ ____	17. $7 + 3 =$ ____	27. $5 + 5 =$ ____
8. $5 + 2 =$ ____	18. ____ $= 7 + 2$	28. ____ $= 4 + 5$
9. $2 + 5 =$ ____	19. $2 + 7 =$ ____	29. $3 + 7 =$ ____
10. $2 + 4 =$ ____	20. $2 + 8 =$ ____	30. ____ $= 3 + 6$

Այսօր վերջացրեցի _____ խնդիրներ։

Ճիշտ լուծեցի _____ խնդիր։։

Դաս 1.   Լուծեք *անհայտ տարբերությամբ* համեմատության տարբեր խնդիրներ։

ՄԻԱՎՈՐՆԵՐԻ ՊԱՏՄՈՒԹՅՈՒՆ   Դաս 1 Հիմնական գիտելիքների ստուգման աշխատանքներ B

Անուն _____   Ամսաթիվ _____

իմ բացակայող գումարելիի աշխատանքը

1. 6 + ___ = 6	11. 3 + ___ = 6	21. 4 + ___ = 7
2. 0 + ___ = 6	12. 4 + ___ = 8	22. 7 = 3 + ___
3. 5 + ___ = 6	13. 10 = 5 + ___	23. 2 + ___ = 7
4. 4 + ___ = 6	14. 5 + ___ = 9	24. 2 + ___ = 8
5. 0 + ___ = 7	15. 5 + ___ = 7	25. 9 = 2 + ___
6. 6 + ___ = 7	16. 8 = 5 + ___	26. 2 + ___ = 10
7. 1 + ___ = 7	17. 5 + ___ = 9	27. 10 = 3 + ___
8. 7 + ___ = 8	18. 8 + ___ = 10	28. 3 + ___ = 9
9. 1 + ___ = 8	19. 7 + ___ = 10	29. 4 + ___ = 9
10. 6 + ___ = 8	20. 10 = 6 + ___	30. 10 = 4 + ___

Այսօր վերջացրեցի _____ խնդիրներ։

Ճիշտ լուծեցի _____ խնդիր։

Դաս 1.   Լուծեք անհայտ տարբերությամբ համեմատության տարբեր խնդիրներ։

ՄԻԱՎՈՐՆԵՐԻ ՊԱՏՄՈՒԹՅՈՒՆ   Դաս 1 Հիմնական գիտելիքների ստուգման աշխատանքներ C   1•6

Անուն _____   Ամսաթիվ _____

Գումարման և հանման իմ աշխատանքը

1. $5 + \_\_\_ = 6$	11. $7 + \_\_\_ = 10$	21. $4 + \_\_\_ = 8$
2. $1 + \_\_\_ = 6$	12. $10 - 7 = \_\_\_$	22. $8 - 4 = \_\_\_$
3. $6 - 1 = \_\_\_$	13. $5 + \_\_\_ = 7$	23. $4 + \_\_\_ = 7$
4. $9 + \_\_\_ = 10$	14. $7 - 5 = \_\_\_$	24. $7 - 4 = \_\_\_$
5. $1 + \_\_\_ = 10$	15. $5 + \_\_\_ = 8$	25. $5 + \_\_\_ = 9$
6. $10 - 9 = \_\_\_$	16. $8 - 5 = \_\_\_$	26. $9 - 5 = \_\_\_$
7. $5 + \_\_\_ = 10$	17. $4 + \_\_\_ = 6$	27. $6 + \_\_\_ = 9$
8. $10 - 5 = \_\_\_$	18. $6 - 4 = \_\_\_$	28. $9 - 6 = \_\_\_$
9. $8 + \_\_\_ = 10$	19. $3 + \_\_\_ = 6$	29. $4 + \_\_\_ = 7$
10. $10 - 8 = \_\_\_$	20. $6 - 3 = \_\_\_$	30. $7 - 4 = \_\_\_$

Այսօր վերջացրեցի _____ խնդիրներ։

Ճիշտ լուծեցի _____ խնդիր։

Դաս 1.   Լուծեք անհայտ տարբերությամբ համեմատության տարբեր խնդիրներ։

ՄԻԱՎՈՐՆԵՐԻ ՊԱՏՄՈՒԹՅՈՒՆ   Դաս 1 Հիմնական գիտելիքների ստուգման աշխատանքներ D   1•6

Անուն _____   Ամսաթիվ _____

Հանման գործողության իմ աշխատանքը

1. 6 – 0 = _____	11. 6 – 3 = _____	21. 8 – 4 = _____
2. 6 – 1 = _____	12. 7 – 3 = _____	22. 8 – 3 = _____
3. 7 – 1 = _____	13. 9 – 3 = _____	23. 8 – 5 = _____
4. 8 – 1 = _____	14. 10 – 8 = _____	24. 9 – 5 = _____
5. 6 – 2 = _____	15. 10 – 6 = _____	25. 9 – 4 = _____
6. 7 – 2 = _____	16. 10 – 4 = _____	26. 7 – 3 = _____
7. 9 – 2 = _____	17. 10 – 5 = _____	27. 10 – 7 = _____
8. 10 – 10 = _____	18. 7 – 6 = _____	28. 9 – 7 = _____
9. 10 – 9 = _____	19. 7 – 5 = _____	29. 9 – 6 = _____
10. 10 – 7 = _____	20. 6 – 4 = _____	30. 8 – 6 = _____

Այսօր վերջացրեցի _____ խնդիրներ:

Ճիշտ լուծեցի _____ խնդիր:

Դաս 1.   Լուծեք *անհայտ տարբերությամբ* համեմատության տարբեր խնդիրներ:

Անուն ________________________ Ամսաթիվ ________________

Իմ խառը գործողությունները

1. 4 + 2 = _____	11. 2 + ____ = 6	21. 8 – 5 = _____
2. 2 + ____ = 6	12. 6 – 2 = _____	22. 3 + ____ = 8
3. 6 = 3 + ____	13. 6 – 4 = _____	23. 8 = ____ + 5
4. 2 + 5 = _____	14. 5 + ____ = 7	24. ____ + 2 = 9
5. 7 = 5 + ____	15. 7 – 5 = _____	25. 9 = ____ + 7
6. 4 + 3 = _____	16. 7 – 4 = _____	26. 9 – 2 = _____
7. 7 = ____ + 4	17. 7 – 3 = _____	27. 9 – 7 = _____
8. 8 = ____ + 4	18. 8 = 6 + ____	28. 9 – 6 = _____
9. 4 + 5 = _____	19. 8 – 2 = _____	29. 9 = ____ + 4
10. 9 = ____ + 4	20. 8 – 6 = _____	30. 9 – 6 = _____

Այսօր վերջացրեցի ________ խնդիրներ:

Ճիշտ լուծեցի ________ խնդիրն:

ՄԻԱՎՈՐՆԵՐԻ ՊԱՏՄՈՒԹՅՈՒՆ — Դաս 3 Հիմնական գումարման սպրինտ 1 — 1•6

A

Ճիշտ պատասխան

Անուն _____   Ամսաթիվ _____

*Գրեք անհայտ թիվը։ Ուշադրություն դարձրեք նշաններին։

1.	4 + 1 = ____	16.	4 + 3 = ____
2.	4 + 2 = ____	17.	____ + 4 = 7
3.	4 + 3 = ____	18.	7 = ____ + 4
4.	6 + 1 = ____	19.	5 + 4 = ____
5.	6 + 2 = ____	20.	____ + 5 = 9
6.	6 + 3 = ____	21.	9 = ____ + 4
7.	1 + 5 = ____	22.	2 + 7 = ____
8.	2 + 5 = ____	23.	____ + 2 = 9
9.	3 + 5 = ____	24.	9 = ____ + 7
10.	5 + ____ = 8	25.	3 + 6 = ____
11.	8 = 3 + ____	26.	____ + 3 = 9
12.	7 + 2 = ____	27.	9 = ____ + 6
13.	7 + 3 = ____	28.	4 + 4 = ____ + 2
14.	7 + ____ = 10	29.	5 + 4 = ____ + 3
15.	____ + 7 = 10	30.	____ + 7 = 3 + 6

| ՄԻԱՎՈՐՆԵՐԻ ՊԱՏՄՈՒԹՅՈՒՆ | Դաս 3 Հիմնական գումարման սպրինտ 1 | 1•6 |

B

Ճիշտ պատասխան

Անուն _____ Ամսաթիվ _____

*Գրեք անհայտ թիվը։ Ուշադրություն դարձրեք նշաններին։

1.	5 + 1 = ____	16.	2 + 4 = ____
2.	5 + 2 = ____	17.	____ + 4 = 6
3.	5 + 3 = ____	18.	6 = ____ + 4
4.	4 + 1 = ____	19.	3 + 4 = ____
5.	4 + 2 = ____	20.	____ + 3 = 7
6.	4 + 3 = ____	21.	7 = ____ + 4
7.	1 + 3 = ____	22.	4 + 5 = ____
8.	2 + 3 = ____	23.	____ + 4 = 9
9.	3 + 3 = ____	24.	9 = ____ + 5
10.	3 + ____ = 6	25.	2 + 6 = ____
11.	____ + 3 = 6	26.	____ + 6 = 9
12.	5 + 2 = ____	27.	9 = ____ + 2
13.	5 + 3 = ____	28.	3 + 3 = ____ + 4
14.	5 + ____ = 8	29.	3 + 4 = ____ + 5
15.	____ + 3 = 8	30.	____ + 6 = 2 + 7

Դաս 3. Օգտագործեք կարգային արժեքների աղյուսակը՝ մինչև 100-ը երկնիշ թվերի տասնյակներն ու միավորները նշելու և անվանելու համար։

ՄԻԱՎՈՐՆԵՐԻ ՊԱՏՄՈՒԹՅՈՒՆ Դաս 3 Հիմնական գումարման սպրինտ 2 1•6

A

Ճիշտ պատասխան

Անուն _____ Ամսաթիվ _____

*Գրեք անհայտ թիվը։ Ուշադրություն դարձրեք հավասարի նշանին։

1.	5 + 2 = ____	16.	____ = 5 + 4
2.	6 + 2 = ____	17.	____ = 4 + 5
3.	7 + 2 = ____	18.	6 + 3 = ____
4.	4 + 3 = ____	19.	3 + 6 = ____
5.	5 + 3 = ____	20.	____ = 2 + 6
6.	6 + 3 = ____	21.	2 + 7 = ____
7.	____ = 6 + 2	22.	____ = 3 + 4
8.	____ = 2 + 6	23.	3 + 6 = ____
9.	____ = 7 + 2	24.	____ = 4 + 5
10.	____ = 2 + 7	25.	3 + 4 = ____
11.	____ = 4 + 3	26.	13 + 4 = ____
12.	____ = 3 + 4	27.	3 + 14 = ____
13.	____ = 5 + 3	28.	3 + 6 = ____
14.	____ = 3 + 5	29.	13 + ____ = 19
15.	____ = 3 + 4	30.	19 = ____ + 16

Դաս 3. Օգտագործեք կարգային արժեքների աղյուսակը՝ մինչև 100-ը երկնիշ թվերի տասնյակներն ու միավորները նշելու և անվանելու համար։

B

Ճիշտ պատասխան

Անուն ______________________ Ամսաթիվ ______________

*Գրեք անհայտ թիվը: Ուշադրություն դարձրեք հավասարի նշանին:

1.	4 + 3 = _____	16.	_____ = 6 + 3
2.	5 + 3 = _____	17.	_____ = 3 + 6
3.	6 + 3 = _____	18.	5 + 4 = _____
4.	6 + 2 = _____	19.	4 + 5 = _____
5.	7 + 2 = _____	20.	_____ = 2 + 7
6.	5 + 4 = _____	21.	2 + 6 = _____
7.	_____ = 4 + 3	22.	_____ = 3 + 4
8.	_____ = 3 + 4	23.	4 + 5 = _____
9.	_____ = 5 + 3	24.	_____ = 3 + 6
10.	_____ = 3 + 5	25.	2 + 7 = _____
11.	_____ = 6 + 2	26.	12 + 7 = _____
12.	_____ = 2 + 6	27.	2 + 17 = _____
13.	_____ = 7 + 2	28.	4 + 5 = _____
14.	_____ = 2 + 7	29.	14 + _____ = 19
15.	_____ = 7 + 2	30.	19 = _____ + 15

ՄԻԱՎՈՐՆԵՐԻ ՊԱՏՄՈՒԹՅՈՒՆ Դաս 3 Հիմնական հանման սպրինտ 1•6

A

ճիշտ պատասխան

Անուն ____________________ Ամսաթիվ ____________

*Գրեք անհայտ թիվը: Ուշադրություն դարձրեք նշաններին:

1.	6 – 1 = _____	16.	8 – 2 = _____
2.	6 – 2 = _____	17.	8 – 6 = _____
3.	6 – 3 = _____	18.	7 – 3 = _____
4.	10 – 1 = _____	19.	7 – 4 = _____
5.	10 – 2 = _____	20.	8 – 4 = _____
6.	10 – 3 = _____	21.	9 – 4 = _____
7.	7 – 2 = _____	22.	9 – 5 = _____
8.	8 – 2 = _____	23.	9 – 6 = _____
9.	9 – 2 = _____	24.	9 – _____ = 6
10.	7 – 3 = _____	25.	9 – _____ = 2
11.	8 – 3 = _____	26.	2 = 8 – _____
12.	10 – 3 = _____	27.	2 = 9 – _____
13.	10 – 4 = _____	28.	10 – 7 = 9 – _____
14.	9 – 4 = _____	29.	9 – 5 = _____ – 3
15.	8 – 4 = _____	30.	_____ – 6 = 9 – 7

Դաս 3. Օգտագործեք կարգային արժեքների աղյուսակը՝ մինչև 100-ը երկնիշ թվերի տասնյակներն ու միավորները նշելու և անվանելու համար: 107

| ՄԻԱՎՈՐՆԵՐԻ ՊԱՏՄՈՒԹՅՈՒՆ | | Աաս 3 Հիմնական հանման սպրինտ | | 1•6 |

B

Ճիշտ պատասխան

Անուն _____ Ամսաթիվ _____

*Գրեք անհայտ թիվը: Ուշադրություն դարձրեք նշաններին:

1.	5 – 1 = ____	16.	6 – 2 = ____
2.	5 – 2 = ____	17.	6 – 4 = ____
3.	5 – 3 = ____	18.	8 – 3 = ____
4.	10 – 1 = ____	19.	8 – 5 = ____
5.	10 – 2 = ____	20.	8 – 6 = ____
6.	10 – 3 = ____	21.	9 – 3 = ____
7.	6 – 2 = ____	22.	9 – 6 = ____
8.	7 – 2 = ____	23.	9 – 7 = ____
9.	8 – 2 = ____	24.	9 – ____ = 5
10.	6 – 3 = ____	25.	9 – ____ = 4
11.	7 – 3 = ____	26.	4 = 8 – ____
12.	8 – 3 = ____	27.	4 = 9 – ____
13.	5 – 4 = ____	28.	10 – 8 = 9 – ____
14.	6 – 4 = ____	29.	8 – 6 = ____ – 7
15.	7 – 4 = ____	30.	____ – 4 = 9 – 6

ՄԻԱՎՈՐՆԵՐԻ ՊԱՏՄՈՒԹՅՈՒՆ — Հիմնական գիտելիքների սպրինտ. 5-ի, 6-ի և 7-ի ամբողջները — 1•6

A

Ճիշտ պատասխան

Անուն _____   Ամսաթիվ _____

*Գրեք անհայտ թիվը։ Ուշադրություն դարձրեք նշաններին:

1.	2 + 3 = ____	16.	3 + 3 = ____
2.	3 + ____ = 5	17.	6 − 3 = ____
3.	5 − 3 = ____	18.	6 = ____ + 3
4.	5 − 2 = ____	19.	2 + 5 = ____
5.	____ + 2 = 5	20.	5 + ____ = 7
6.	1 + 5 = ____	21.	7 − 2 = ____
7.	1 + ____ = 6	22.	7 − 5 = ____
8.	6 − 1 = ____	23.	7 = ____ + 5
9.	6 − 5 = ____	24.	3 + 4 = ____
10.	____ + 5 = 6	25.	4 + ____ = 7
11.	4 + 2 = ____	26.	7 − 4 = ____
12.	2 + ____ = 6	27.	7 = ____ + 3
13.	6 − 2 = ____	28.	3 = 7 − ____
14.	6 − 4 = ____	29.	7 − 5 = ____ − 4
15.	____ + 4 = 6	30.	____ − 3 = 7 − 4

Դաս 3.   Օգտագործեք կարգային արժեքների աղյուսակը՝ մինչև 100-ը երկնիշ թվերի տասնյակներն ու միավորները նշելու և անվանելու համար։

ՄԻԱՎՈՐՆԵՐԻ ՊԱՏՄՈՒԹՅՈՒՆ Հիմնական գիտելիքների սպրինտ. 5-ի, 6-ի և 7-ի ամբողջները 1•6

B

Ճիշտ պատասխան

Անուն ______________________ Ամսաթիվ ______________

*Գրեք անհայտ թիվը: Ուշադրություն դարձրեք նշաններին:

1.	1 + 4 = _____	16.	3 + 3 = _____
2.	4 + _____ = 5	17.	6 – 3 = _____
3.	5 – 4 = _____	18.	6 = _____ + 3
4.	5 – 1 = _____	19.	2 + 4 = _____
5.	_____ + 1 = 5	20.	4 + _____ = 6
6.	7 + 2 = _____	21.	6 – 2 = _____
7.	5 + _____ = 7	22.	6 – 4 = _____
8.	7 – 2 = _____	23.	6 = _____ + 4
9.	7 – 5 = _____	24.	3 + 4 = _____
10.	_____ + 2 = 7	25.	4 + _____ = 7
11.	1 + 5 = _____	26.	7 – 4 = _____
12.	1 + _____ = 6	27.	7 = _____ + 4
13.	6 – 1 = _____	28.	4 = 7 – _____
14.	6 – 5 = _____	29.	6 – 4 = _____ – 5
15.	_____ + 5 = 6	30.	_____ – 4 = 7 – 3

ՄԻԱՎՈՐՆԵՐԻ ՊԱՏՄՈՒԹՅՈՒՆ

Հիմնական գիտելիքների սպրինտ. 8-ի, 9-ի և 10-ի ամբողջները

A

Ճիշտ պատասխան

Անուն _____ Ամսաթիվ _____

*Գրեք անհայտ թիվը: Ուշադրություն դարձրեք նշաններին:

1.	5 + 5 = ____	16.	2 + 6 = ____
2.	5 + ____ = 10	17.	8 = 6 + ____
3.	10 − 5 = ____	18.	8 − 2 = ____
4.	9 + 1 = ____	19.	2 + 7 = ____
5.	1 + ____ = 10	20.	9 = 7 + ____
6.	10 − 1 = ____	21.	9 − 7 = ____
7.	10 − 9 = ____	22.	8 = ____ + 2
8.	____ + 9 = 10	23.	8 − 6 = ____
9.	1 + 8 = ____	24.	3 + 6 = ____
10.	8 + ____ = 9	25.	9 = 6 + ____
11.	9 − 1 = ____	26.	9 − 6 = ____
12.	9 − 8 = ____	27.	9 = ____ + 3
13.	____ + 1 = 9	28.	3 = 9 − ____
14.	4 + 4 = ____	29.	9 − 5 = ____ − 6
15.	8 − 4 = ____	30.	____ − 7 = 8 − 6

| ՄԻԱՎՈՐՆԵՐԻ ՊԱՏՈՒԹՅՈՒՆ | Հիմնական գիտելիքների սպրինտ․ 8-ի, 9-ի և 10-ի ամբողջները | 1•6 |

B

Ճիշտ պատասխան

Անուն _____   Ամսաթիվ _____

*Գրեք անհայտ թիվը։ Ուշադրություն դարձրեք նշաններին։

1.	$9 + 1 = $ ____	16.	$3 + 5 = $ ____
2.	$1 + $ ____ $= 10$	17.	$8 = 5 + $ ____
3.	$10 - 1 = $ ____	18.	$8 - 3 = $ ____
4.	$10 - 9 = $ ____	19.	$2 + 6 = $ ____
5.	____ $+ 9 = 10$	20.	$8 = 6 + $ ____
6.	$1 + 7 = $ ____	21.	$8 - 6 = $ ____
7.	$7 + $ ____ $= 8$	22.	$2 + 7 = $ ____
8.	$8 - 1 = $ ____	23.	$9 = $ ____ $+ 2$
9.	$8 - 7 = $ ____	24.	$9 - 7 = $ ____
10.	____ $+ 1 = 8$	25.	$4 + 5 = $ ____
11.	$2 + 8 = $ ____	26.	$9 = 5 + $ ____
12.	$2 + $ ____ $= 10$	27.	$9 - 5 = $ ____
13.	$10 - 2 = $ ____	28.	$5 = 9 - $ ____
14.	$10 - 8 = $ ____	29.	$9 - 6 = $ ____ $- 5$
15.	____ $+ 8 = 10$	30.	____ $- 6 = 9 - 7$

ՄԻԱՎՈՐՆԵՐԻ ՊԱՏՄՈՒԹՅՈՒՆ   Դաս 9 Սպրինտ   1•6

A

Ճիշտ պատասխան

Անուն _____   Ամսաթիվ _____

*Գրեք պակասող թիվը։ Ուշադրություն դարձրեք գումարման կամ հանման նշանին։

1.	5 + 1 = ☐		16.	29 + 10 = ☐	
2.	15 + 1 = ☐		17.	9 + 1 = ☐	
3.	25 + 1 = ☐		18.	19 + 1 = ☐	
4.	5 + 10 = ☐		19.	29 + 1 = ☐	
5.	15 + 10 = ☐		20.	39 + 1 = ☐	
6.	25 + 10 = ☐		21.	40 − 1 = ☐	
7.	8 − 1 = ☐		22.	30 − 1 = ☐	
8.	18 − 1 = ☐		23.	20 − 1 = ☐	
9.	28 − 1 = ☐		24.	20 + ☐ = 21	
10.	38 − 1 = ☐		25.	20 + ☐ = 30	
11.	38 − 10 = ☐		26.	27 + ☐ = 37	
12.	28 − 10 = ☐		27.	27 + ☐ = 28	
13.	18 − 10 = ☐		28.	☐ + 10 = 34	
14.	9 + 10 = ☐		29.	☐ − 10 = 14	
15.	19 + 10 = ☐		30.	☐ − 10 = 24	

B

Ճիշտ պատասխան

Անուն ____________________ Ամսաթիվ ____________

*Գրեք պակասող թիվը: Ուշադրություն դարձրեք գումարման կամ հանման նշանին:

1.	4 + 1 = □		16.	28 + 10 = □	
2.	14 + 1 = □		17.	9 + 1 = □	
3.	24 + 1 = □		18.	19 + 1 = □	
4.	6 + 10 = □		19.	29 + 1 = □	
5.	16 + 10 = □		20.	39 + 1 = □	
6.	26 + 10 = □		21.	40 – 1 = □	
7.	7 – 1 = □		22.	30 – 1 = □	
8.	17 – 1 = □		23.	20 – 1 = □	
9.	27 – 1 = □		24.	10-ը + □ = 11	
10.	37 – 1 = □		25.	10 + □ = 20	
11.	37 – 10 = □		26.	22 + □ = 32	
12.	27 – 10 = □		27.	22 + □ = 23	
13.	17 - 10 = □		28.	□ + 10 = 39	
14.	8 + 10-ը = □		29.	□ – 10 = 19	
15.	18 + 10 = □		30.	□ – 10 = 29	

ՄԻԱՎՈՐՆԵՐԻ ՊԱՏՄՈՒԹՅՈՒՆ   Դաս 10 Սահունության ստուգման ճնանմու2   1•6

Անուն _____   Ամսաթիվ _____

 Մրցավազք դեպի վերև:

2	3	4	5	6	7	8	9	10	11	12

մրցավազք դեպի վերև:

Դաս 10. Գումարեք և հանեք 10-ից մինչև 100 թվերի, ներառյալ տաս ցենտանոց մետաղադրամների 10-ի պատիկները:

ՄԻԱՎՈՐՆԵՐԻ ՊԱՏՄՈՒԹՅՈՒՆ   Դաս 18 Գիտելիքների ստուգման ձևանմուշ   1•6

Անուն _____

Ընկեր _____

Օրինակ

Քայլ 1. Վերաշարադրեք 4 – 1-ը որպես
1 + ____ = 4.

Քայլ 2. Փոխանակեք թերթիկները և լուծեք:

Թերթիկ A

1. 10 – 9 _____
2. 10 – 8 _____
3. 9 – 8 _____
4. 9 – 6 _____
5. 8 – 6 _____
6. 7 – 4 _____
7. 7 – 5 _____
8. 8 – 5 _____
9. 9 – 5 _____
10. 9 – 5 _____

Անուն _____

Ընկեր _____

Օրինակ

Քայլ 1. Վերաշարադրեք 4 – 1-ը որպես
1 + ___ = 4.

Քայլ 2. Փոխանակեք թերթիկները և լուծեք:

Թերթիկ B

1. 10 – 8 _____
2. 10 – 7 _____
3. 8 – 7 _____
4. 8 – 6 _____
5. 9 – 6 _____
6. 7 – 6 _____
7. 7 – 5 _____
8. 7 – 4 _____
9. 8 – 5 _____
10. 6 – 4 _____

Առաջադրանքների թերթիկ A կամ B

Դաս 18. Գումարեք միավորների փոփոխական գումարներով երկնիշ թվերը և
համեմատեք լուծման տարբեր եղանակներով ստացված արդյունքները:

:

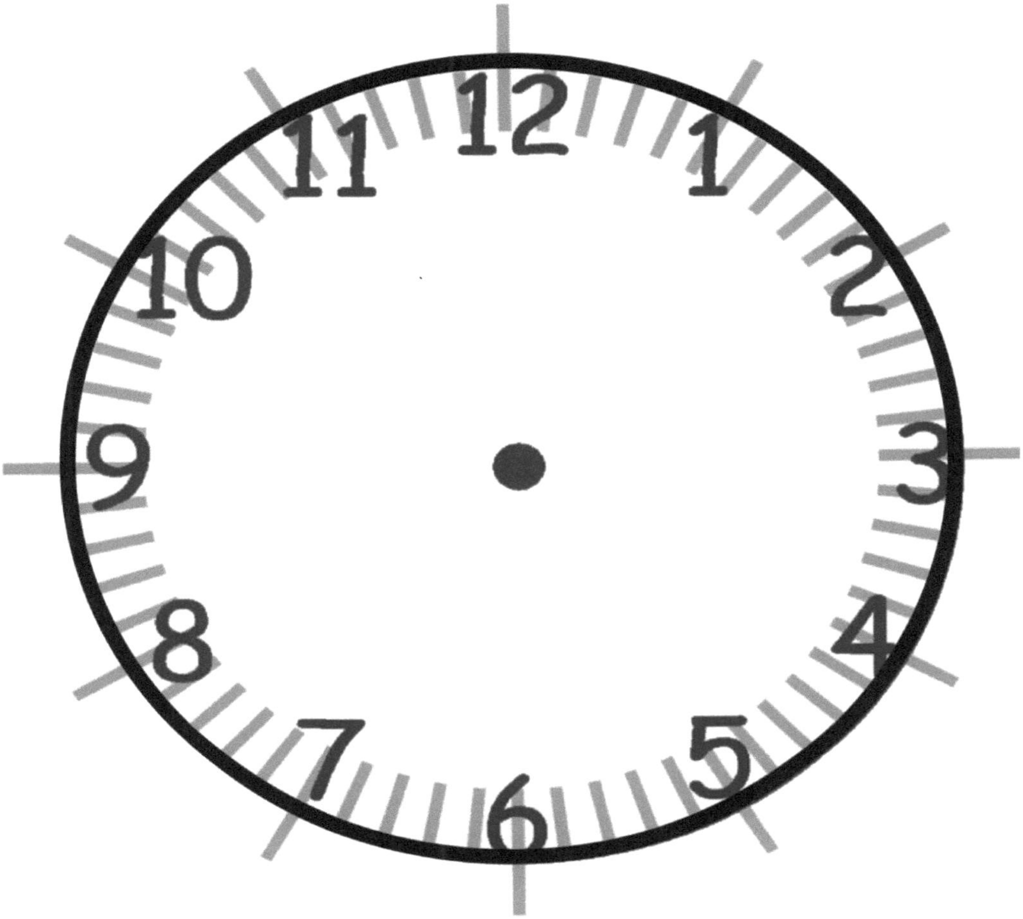

Ժամը ________ ն է: Ժամը ______ անց կես է:

ժամանակի գրանցման թերթիկ

Դաս 26. Լուծեք ավելի մեծ կամ ավելի փոքր անհայտով տարբեր խնդիրներ: 127

EUREKA MATH

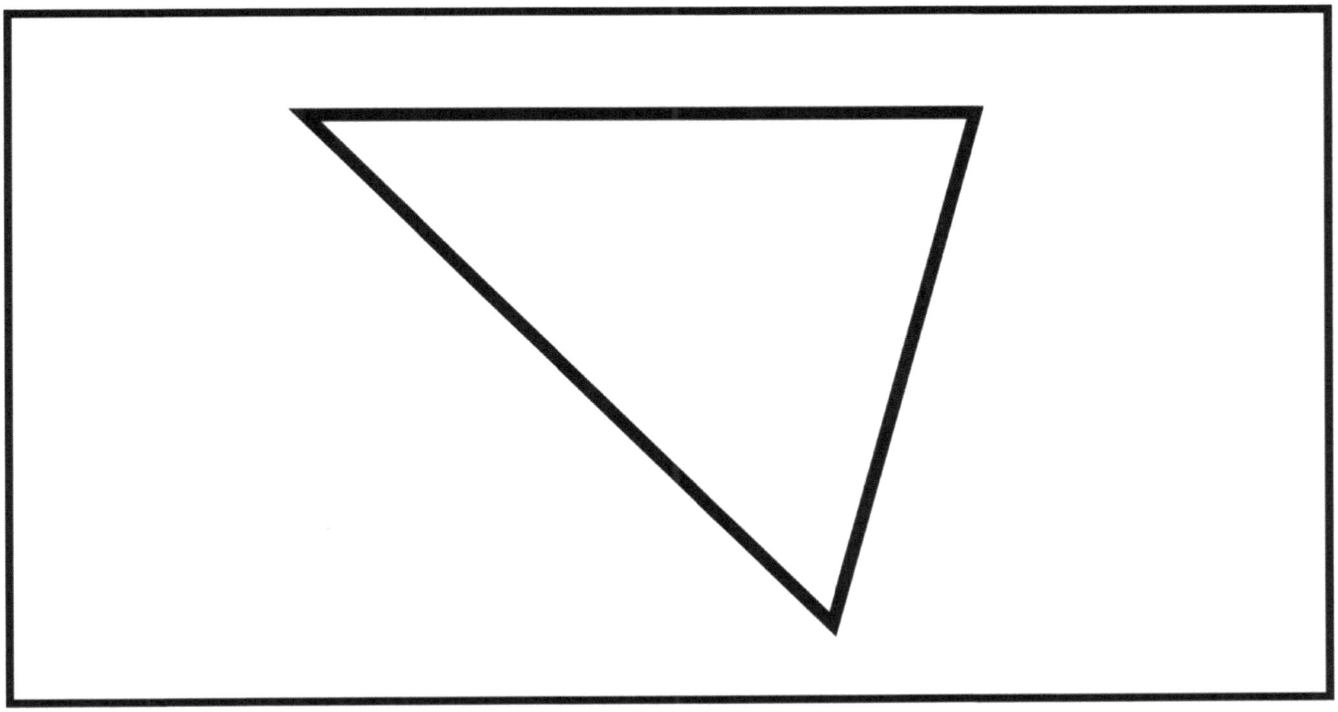

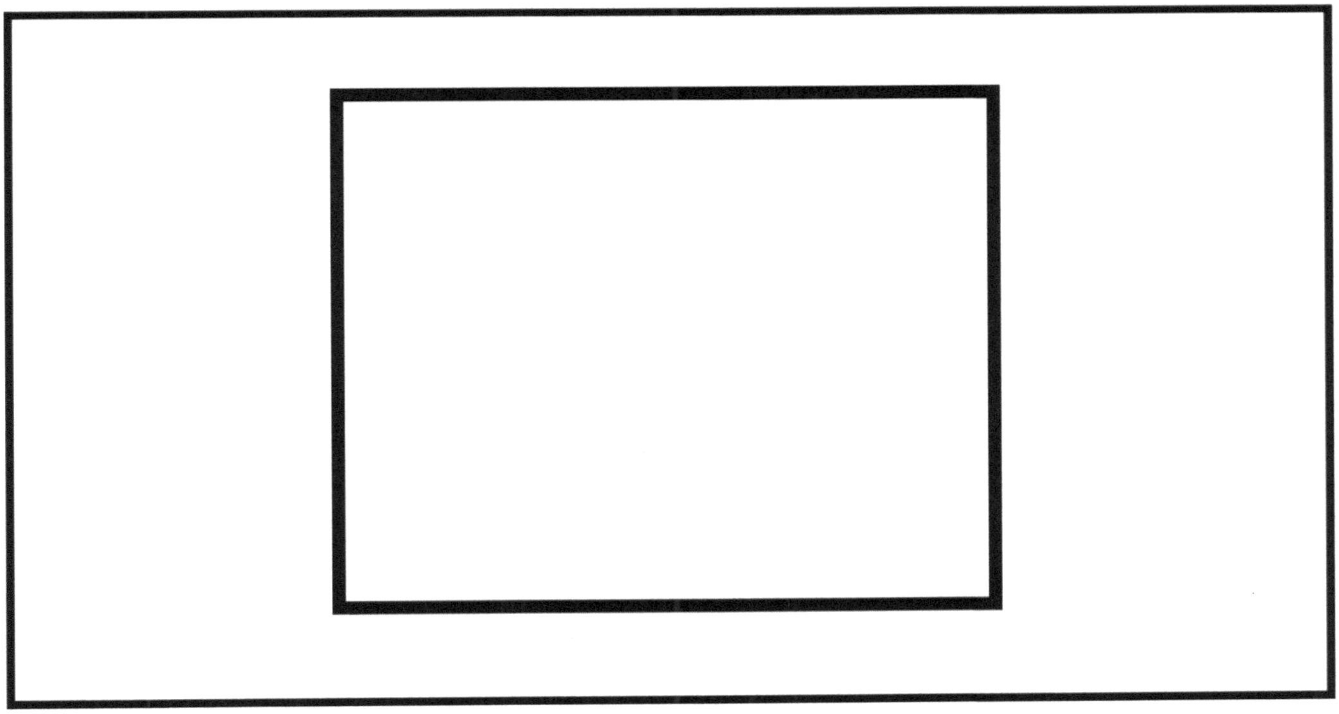

ՄԻԱՎՈՐՆԵՐԻ ՊԱՏՄՈՒԹՅՈՒՆ　　Դաս 27 Գիտելիքի ստուգման ձևանմուշ 1　　1•6

Երկչափ պատկերի ֆլեշքարտ

Դաս 27.　Կիսվեք և քննարկեք ձեր ընկերների խնդիրների լուծման եղանակները։

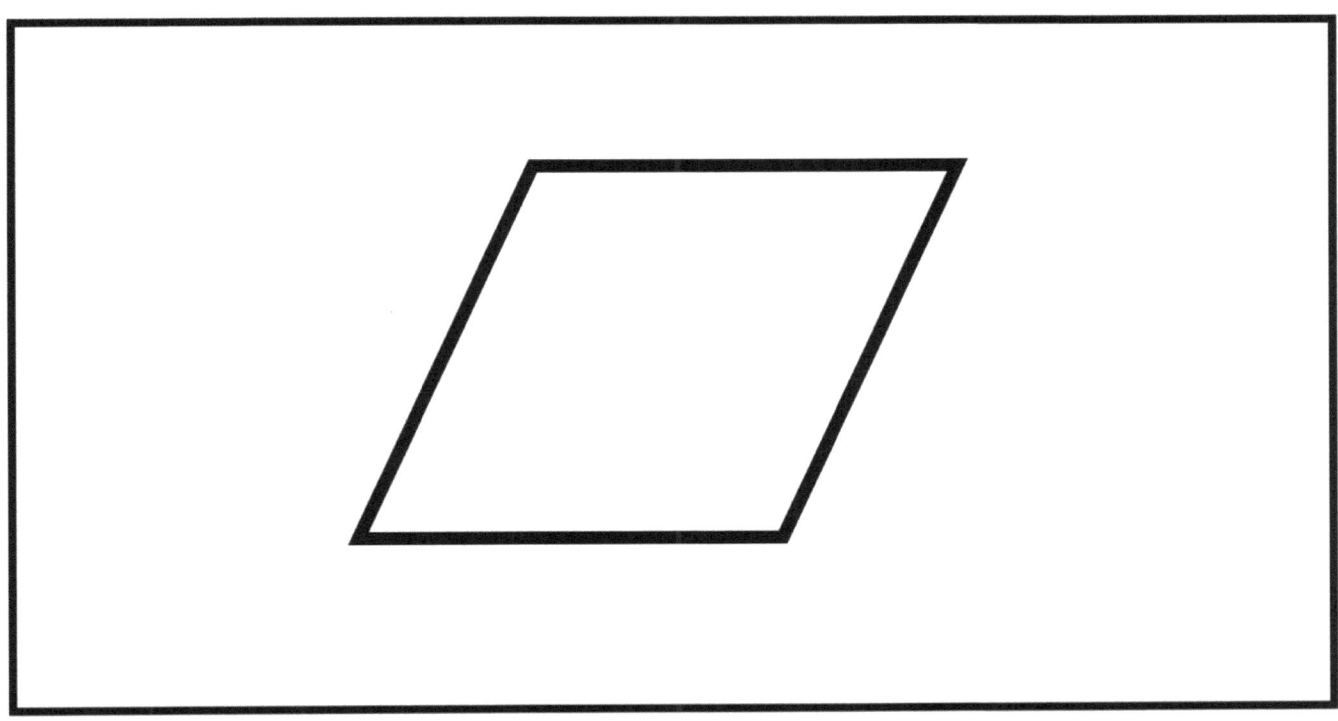

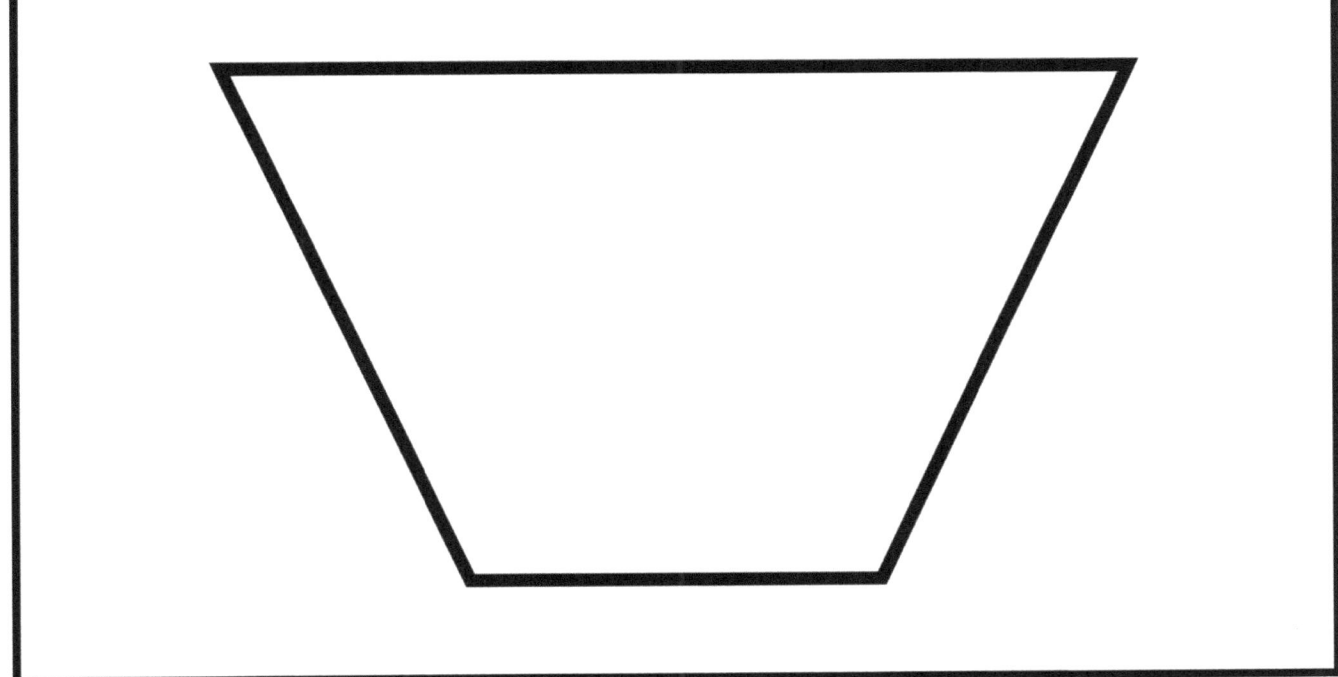

Երկչափ պատկերի ֆլեշքարտ

ՍԻԿՎՈՐՆԵՐԻ ՊԱՏՄՈՒԹՅՈՒՆ — Դաս 27 Գիտելիքի ստուգման ձևանմուշ 1

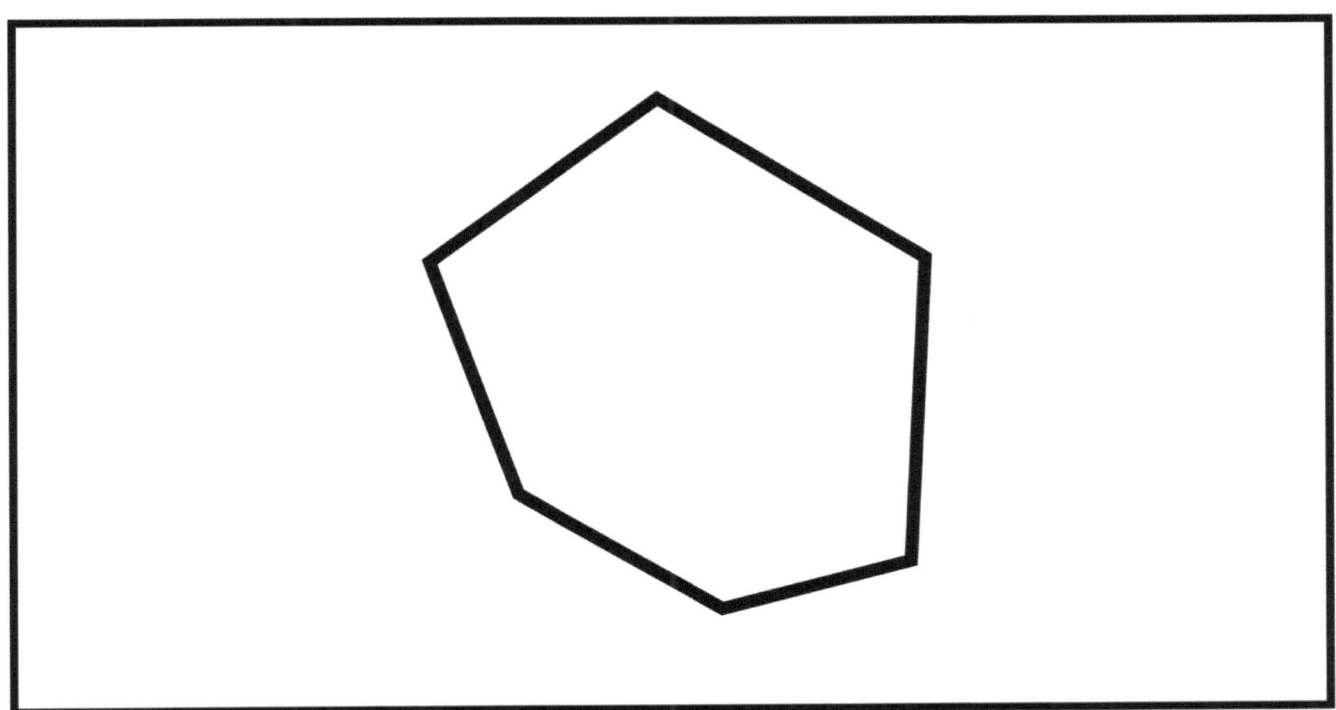

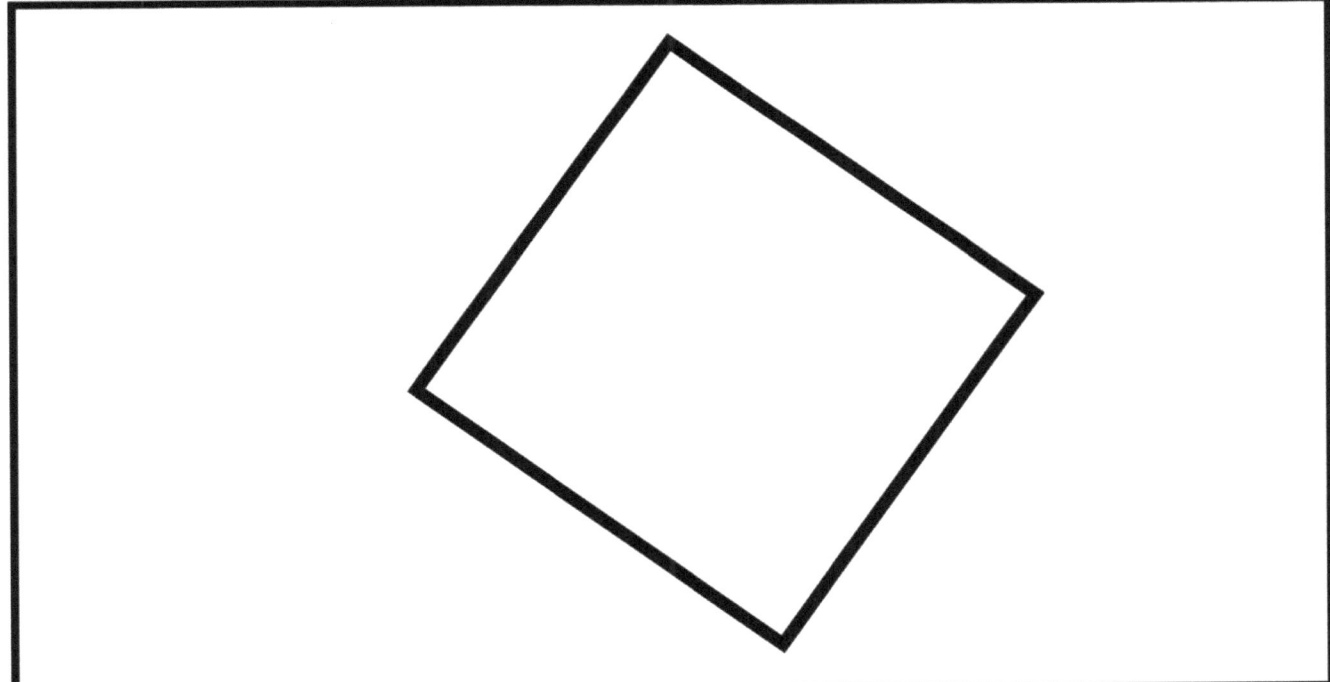

Երկչափ պատկերի ֆլեշքարտ

Դաս 27. Կիսվեք և քննարկեք ձեր ընկերների խնդիրների լուծման եղանակները:

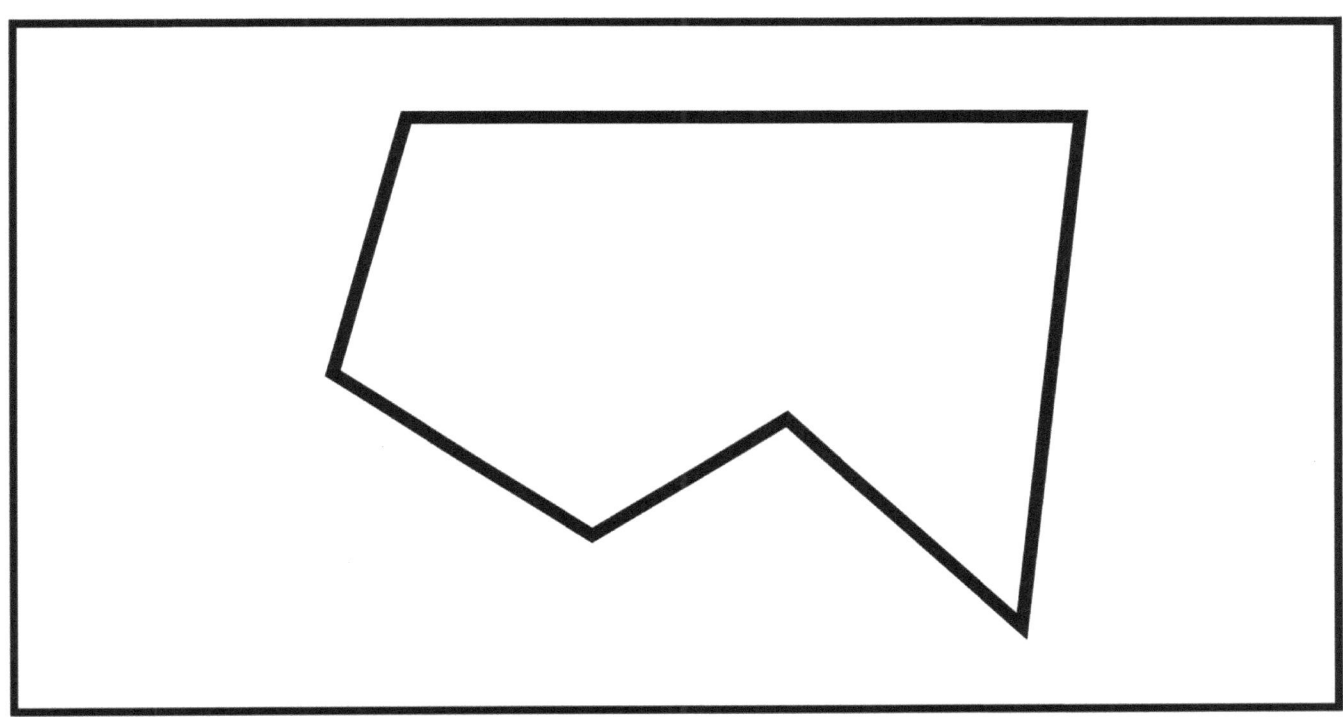

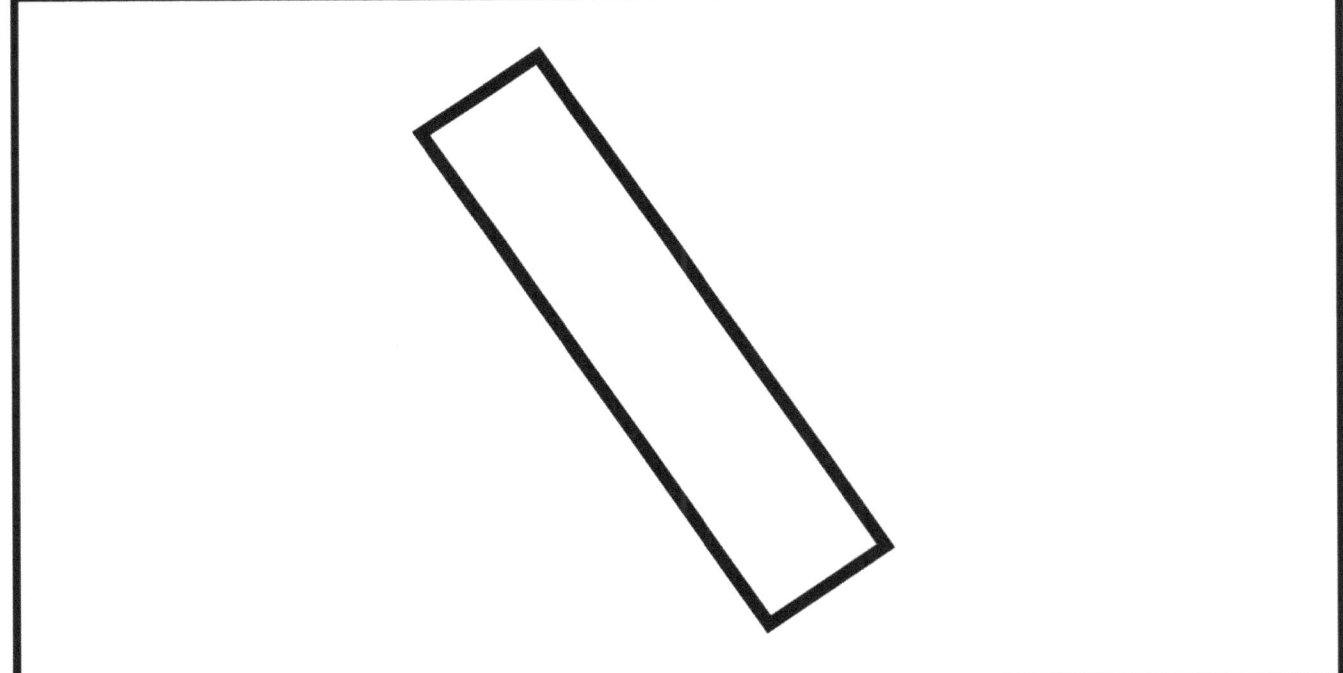

Երկչափ պատկերի ֆլեշքարտ

ԵՐԿՉԱՓ ՊԱՏԿԵՐՆԵՐ	ԵՌԱՉԱՓ ՊԱՏԿԵՐՆԵՐ
շրջանակ	գունդ
եռանկյունի	կոն
ուղղանկյուն	գլան
շեղանկյուն	Ուղղանկյունաձև հատվածակողմ
քառակուսի	խորանարդ
սեղան	
վեցանկյուն	
______ անկյուններ	______ անկյուններ
______ քառակուսու անկյուններ	______ դեմքեր
______ կողմեր	______ ուղիղ եզրեր
Բոլոր կողմերը նույն երկարությու՞նն ունեն:	Բոլոր դեմքերը նույն պատկերն ունե՞ն:
այո ոչ	այո ոչ

գիտելիքի ստուգման ձևանմուշ

EUREKA MATH Դաս 27. Կիսվեք և քննարկեք ձեր ընկերների խնդիրների լուծման եղանակները: 137

ՄԻԱՎՈՐՆԵՐԻ ՊԱՏՄՈՒԹՅՈՒՆ　　　　Դաս 28 Սպրինտ　1•6

A
　　　　　　　　　　　　　　　　　　　Ճիշտ պատասխան
Անուն _____ Ամսաթիվ _____

Գրե՛ք կետերի թիվը։ Փորձեք գտնել կետերը խմբավորելու եղանակներ, որպեսզի հաշվելը հեշտ լինի:

1.	••		16.	••••• ••••
2.	•••		17.	••••• •••
3.	••••		18.	••••• •••••
4.	•••		19.	••••• ••
5.	•		20.	••••• •
6.	••••		21.	••••• ••••
7.	•••••		22.	••••• •••••
8.	••••		23.	•••• •••••
9.	••••• •		24.	••••• •••
10.	••••• ••		25.	••• •• •••••
11.	•••••		26.	••••• ••
12.	••••		27.	••• ••• •• •••
13.	••••• •		28.	•• •• •• ••
14.	••••• •••		29.	•• ••• ••
15.	••••• ••		30.	•• ••••• •

Դաս 28. Ավելի հմտացեք մինչև 10-ը (և 20-ը) թվերի գումարման և հանման գործողություններում: Կազմակերպեք հետաքրքրաշարժ ամառային պրակտիկա:

139

ՄԻԱՎՈՐՆԵՐԻ ՊԱՏՄՈՒԹՅՈՒՆ — Դաս 28 Սպրինտ

B

Ճիշտ պատասխան

Անուն _____ Ամսաթիվ _____

Գրե՛ք կետերի թիվը։ Փորձեք գտնել կետերը խմբավորելու եղանակներ, որպեսզի հաշվելը հեշտ լինի։

1. ●		16. ●●●●● ●●●	
2. ●●		17. ●●●●● ●●●●	
3. ●		18. ●●●●● ●●	
4. ●●●●		19. ●●●●● ●●●	
5. ●●●		20. ●●●●● ●●●●●	
6. ●●●●●		21. ●●●●● ●●●●	
7. ●●●●		22. ●●●●● ●●●●●	
8. ●●●●●		23. ● ●●●● ●●●●●	
9. ●●●●● ●●		24. ●●●●● ●●●●	
10. ●●●●● ●		25. ●● ●●●●●	
11. ●●●●● ●●●		26. ●●● ● ●● ●●	
12. ●●●●● ●		27. ●● ●●● ●●● ●●	
13. ●●●●●		28. ●● ● ●● ●● ●	
14. ●●●●● ●●		29. ●● ● ●● ●●	
15. ●●●●● ●		30. ●● ●●●●● ●●	

Դաս 28. Ավելի հմտացեք մինչև 10-ը (և 20-ը) թվերի գումարման և հանման գործողություններում։ Կազմակերպեք հետաքրքրաշարժ ամառային պրակտիկա։

Նպատակային թիվը՝

Նպատակային պրակտիկա

Ընտրեք *թիվ* 6-ից 10-ը և գրեք շրջանակի կենտրոնում՝ էջի վերևի մասում: Գցեք զառը: Գրեք շրջանակում ստացված թիվը՝ սլաքներից մեկի ծայրին: Այնուհետև գրե՛ք թիվ՝ մյուս շրջանը լրացնելով:

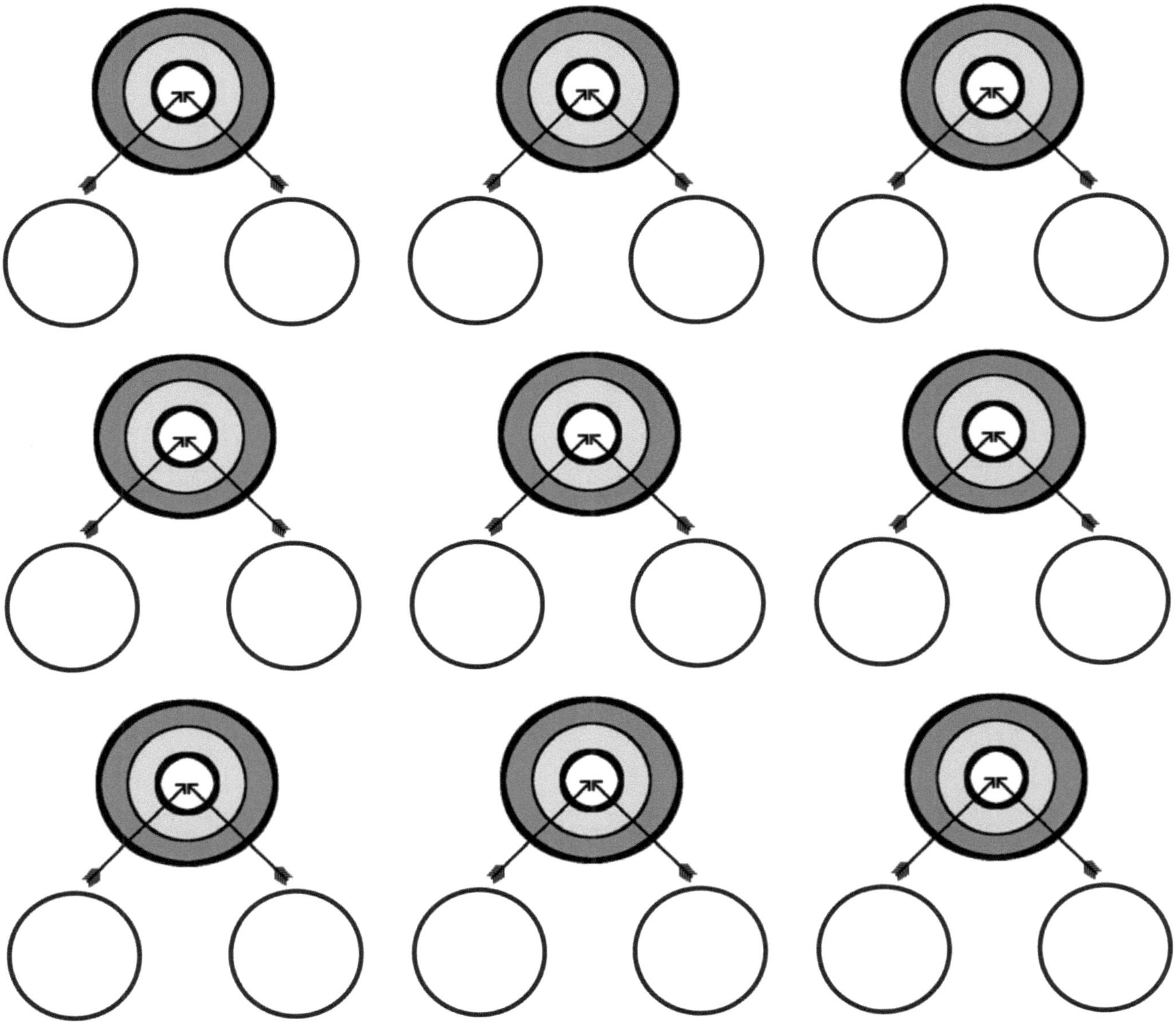

նպատակային վարժություններ

Դաս 28. Ավելի հմտացեք մինչև 10-ը (և 20-ը) թվերի գումարման և հանման գործողություններում: Կազմակերպեք հետաքրքրաշարժ ամառային պրակտիկա: 143

ՄԻԱՎՈՐՆԵՐԻ ՊԱՏՄՈՒԹՅՈՒՆ   Դաս 28 Զևանմուշ 3   1•6

Անուն _____   Ամսաթիվ _____

 **Մրցավազք դեպի վերև:**

2	3	4	5	6	7	8	9	10	11	12

Մրցավազք դեպի վերև:

Դաս 28. Ավելի հմտացեք մինչև 10-ը (և 20-ը) թվերի գումարման և հանման գործողություններում։ Կազմակերպեք հետաքրքրաշարժ ամառային պրակտիկա։

145

ՄԻԱՎՈՐՆԵՐԻ ՊԱՏՄՈՒԹՅՈՒՆ Դաս 29 Առաջադրանքների թերթիկ 1•6

Անուն _____ Ամսաթիվ _____

Թվային զույգի գումար

Ցուցումներ. Հնարավորինս շատ արեք 90 վայրկյանում:

Գրեք ձեր արածների թիվն այստեղ:

1.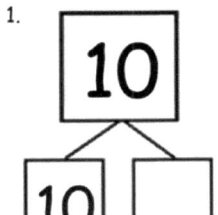
2.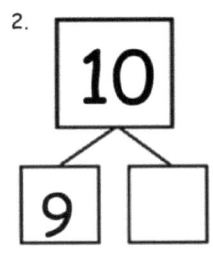
3.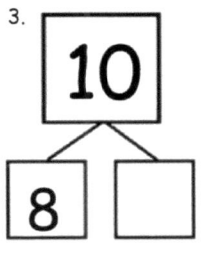
4.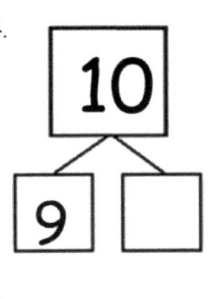
5.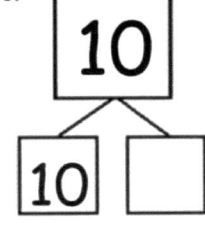
6.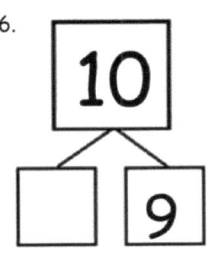
7.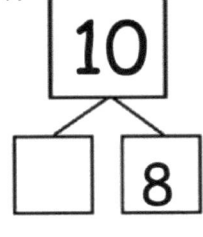
8.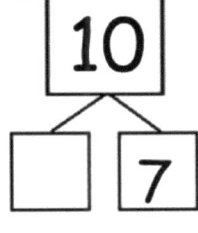
9.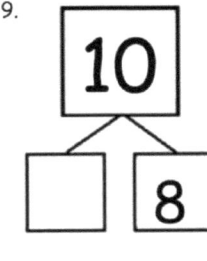
10.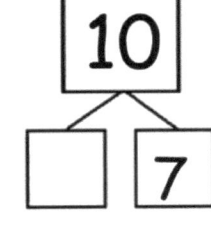
11.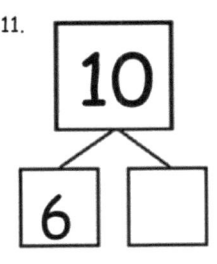
12.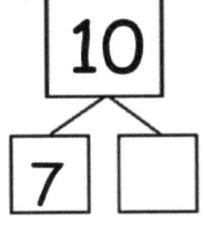
13.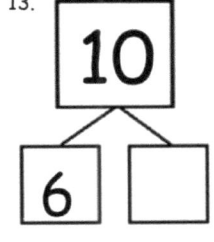
14.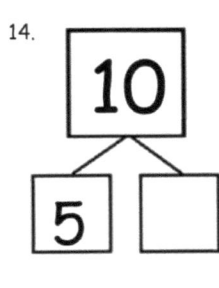
15.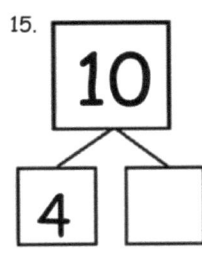
16.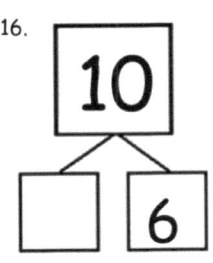
17.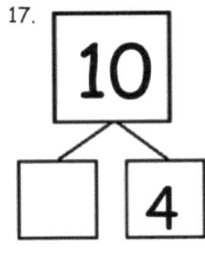
18.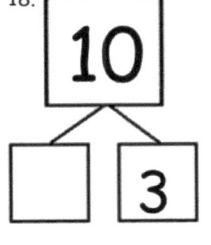
19.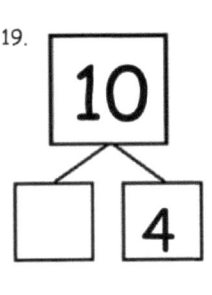
20.
21.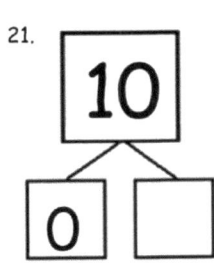
22.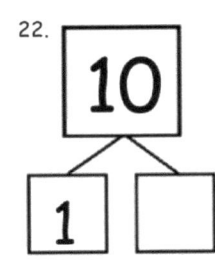
23.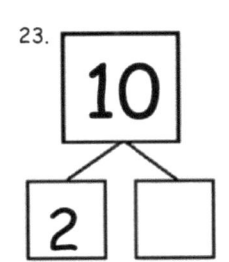
24.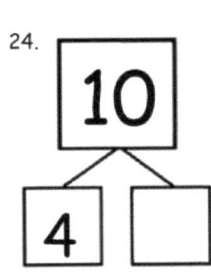
25.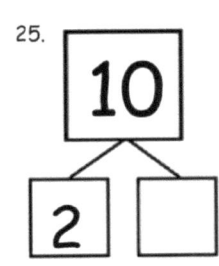

Կրեդիտներ

Great Minds®-ը գործադրել բոլոր ջանքերը՝ հեղինակային իրավունքով պաշտպանված բոլոր նյութերի վերատպման թույլտվությունը ստանալու համար։ Եթե հեղինակային իրավունքով պաշտպանված սույն նյութում որևէ սեփականատեր նշված չի, խնդրում ենք ճանաչման համար կապ հաստատել «Great Minds»-ի հետ՝ այս մոդուլի հետագա բոլոր հրատարակված և վերատպված տարբերակներում։

9 781649 292988

Printed by Libri Plureos GmbH in Hamburg, Germany